一口壽司

只要捲一捲！

56款韓風&義式壽司×12道湯品×8款風味沾醬，一口滿足！

金奉京、崔承鳳 著　陳曉菁 譯

做出美味壽司的 5 個基本原則

1 **做飯** ▸▸▸
米粒稍微泡脹一些

壽司的美味口感 50％取決於米飯，煮飯的重點在於不可以煮得太軟或太硬，所以生米也不能泡在水裡太久，如果米粒吸收太多水分，煮熟以後的白飯可能會變得太軟爛。

2 **調味** ▸▸▸
要趁熱時攪拌

在剛煮好的白飯中加入鹽、芝麻油以及芝麻再攪拌，味道才會均勻地滲入米飯裡。請將白飯放置一會兒之後再料理，不過要在冷卻之前調味。另外請使用細鹽調味，因為粗鹽不易溶化，吃的時候可能會吃到粗鹽的顆粒。

3 **準備內餡食材** ▸▸▸
每一樣食材都要分別調味

雖然食材的新鮮度也是不可或缺的要件，但若僅調味白飯，而內餡食材沒有調味，絕對無法做出美味的壽司。即便有點麻煩，但請盡量去除食材的水分後，再個別調味。

4 **捲壽司** ▸▸▸
等米飯稍微冷卻後再鋪排

剛調味好、熱騰騰的白飯，等稍微冷卻之後再放到海苔上面；若將滾燙的米飯放上去，會讓海苔變皺，做出來的壽司也不會好吃。另外，捲壽司時請不要太用力，如此一來才能讓米粒保有原來的彈性。

5 **切開** ▸▸▸
刀子要沾上醋水才會好切

壽司最後呈現的樣貌在於切段的刀工，最好選擇寬度與壽司直徑差不多的刀子，這樣才能一刀切出乾淨俐落的斷面。用一杯水加上兩小匙醋調製成醋水，刀子先沾上醋水後再切壽司，這樣不僅好切而且壽司也能維持新鮮。

本書使用說明

1 海苔＋白飯＋食材 ▸▸▸
請依照食材種類的多寡
使用本書

做壽司之前，首要之務是備料，請先檢查一下冰箱內的食材，再決定壽司的種類吧！請先思考要使用何種內餡，再依當天冰箱的食材安排壽司的種類。

2 確認海苔的用量 ▸▸▸
多變的壽司大小

在做各式壽司之前，請將所需的海苔大小用一眼就能輕鬆辨別的符號標示。若能正確地掌握海苔的使用份量，不管做什麼樣的壽司都不必緊張了；請試著挑戰各種大小的壽司。

3 小叮嚀 ▸▸▸
食材與份量的基準

所有的菜色都是以 2 人份（一般壽司 2 捲）為基準。

▸ 書中使用的海苔皆為市售「壽司海苔」（19cm x 21cm）。

▸ 一般壽司的飯量為 1 碗（200g），外捲壽司為 2 碗（400g），三明治壽司則是以 1 又 1/2 碗為基準。

▸ 白飯 1 碗（200g）的份量，調味料的比例為芝麻油 1 小匙＋芝麻 1/2 小匙＋鹽 1/4 小匙，基本的配方醋為食用醋 1/2 大匙＋糖 1/3 大匙＋鹽 1/5 大匙。

▸ 杯子是以量杯為基準，量杯 1 杯＝紙杯 *1 又 1/9 杯。

▸ 調味料則是以量匙為基準。

  • 量匙的辣椒醬 1 大匙＝湯匙 * 滿滿的 1 大匙

  • 量匙的醬油 1 大匙＝湯匙 1 又 1/3 大匙

  • 量匙的寡糖 *1 大匙＝湯匙 1 又 1/3 大匙

▸ 蔬菜以一般大小為基準，1 個大約是 200g。

  • 紅蘿蔔 1 條，櫛瓜 1 條，馬鈴薯 1 顆，洋蔥 1 顆 =200g

  • 韭菜 1 把，芹菜 1 把，秀珍菇 1 把 =50g

  • 大蔥白色部分 1 段 =10cm，大蒜 1 瓣 =5g

* 紙杯：容量約 200cc 的一般紙杯。

* 湯匙：容量約 10cc 的圓湯匙或橢圓湯匙。

* 寡糖（올리고당）：為韓國料理常使用的調味料，也可使用台灣常見的果糖或糖漿替代，甜度請依料理調整。

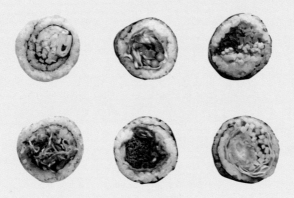

CONTENTS

PART 1　8 款沾醬＋壽司

PART 2

海苔＋白飯＋1種食材

海苔＋白飯＋2種食材

PART 3

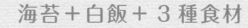
PART 4　海苔＋白飯＋ 3 種食材

海苔＋白飯＋ 4 種食材　PART 5

PART 6

三明治壽司

BONUS

讓壽司成為宴會餐桌上的亮點

關於壽司

INFORMATION

製作壽司的基本須知，準備食材

雖然做壽司不需要太多工具，不過仍有一些不可或缺的必備品，像是壽司捲簾、刀子、飯勺、砧板……即便是廚房常見的東西，但事前備妥，就可讓壽司的滋味與外觀呈現出不同的模樣。

必備工具

竹製容器

在熱騰騰的白飯中加入醋和鹽等調味料後，請務必用飯勺將其拌勻並放置等待冷卻，此時若使用竹製容器盛裝，可以讓白飯降溫的速度變得更快。

砧板

請使用沒有沾上泡菜、大蒜等味道的砧板。若是用木製砧板，則很容易有細菌繁殖，所以務必放在陽光下曬乾。

刀子

若是想要切出斷面俐落的壽司，請選擇和壽司大小差不多的刀子，意即刀子的寬度要和一般壽司的直徑差不多大小才算合適。切壽司時要一刀完成，才能切出漂亮的斷面，而且海苔才不會變皺。

木製飯勺

做壽司請務必選擇木製飯勺，這樣在拌飯調味的時候，才不會把飯粒壓碎。

壽司捲簾

壽司捲簾主要功用是將壽司定型，而且因為直接與海苔接觸，所以最好盡量選擇天然材質的壽司捲簾。使用完畢之後，用清水洗乾淨並且完全曬乾，才不會滋生黴菌。

**準備
基本食材**

壽司專用海苔

包壽司的海苔選擇顏色深而帶有光澤的為佳。
如果不喜歡海苔腥味，請將海苔稍微烤過再使
用，剩下的海苔用夾鏈袋裝好放到冷凍室保
存。若是放在室溫之下保存的話，會因為空氣
中帶有水分，讓海苔潮溼變軟。

米

若是選用新米來煮飯的話，會讓人覺得
飯的口感比較軟而黏稠，所以做壽司用
的白飯最好選擇陳米，這樣才可以保有
原來的口感。

芝麻

與其選擇芝麻鹽，不如選擇整
顆的芝麻做為拌飯用的調味
料，會讓味道更加清爽。因為
炒過的芝麻會出油，所以務必
放在冰箱的冷凍區保存；使用
前請確認是否有酸臭的油耗味。

鹽

因為是要用來拌飯的調味
料，所以選擇細鹽較為合
適。萬一家裡只有粗鹽，可
以將粗鹽稍微炒過，之後放
入攪拌機或研磨機打碎後再
使用。

醋

白飯調味好、捲好壽司要切的時候，
都需要用到醋。醋有天然殺菌和防腐
的作用，若是使用天然食用醋，則可
以更加提升食物的原味。

芝麻油

為了增添食物的香氣，請盡量不
要選擇色澤太深的芝麻油，顏色
越深代表味道越苦澀，如此一來
可能會蓋過其他食材的風味。挑
選透明且帶有明亮金黃光澤的褐
色芝麻油，風味更佳。

煮出
壽司專用、
軟硬適中
的白飯

洗米

洗米時第一次倒入的水很重要，因為此時乾燥的米
或穀物會吸收大量的水分，所以請盡量使用礦泉水
或過濾水為佳。第一次加水洗完米之後請立刻倒
掉，接著重覆此動作輕輕搓洗 3 ～ 4 次。

讓米發脹 & 濾掉水分

先將洗好的米放在水裡浸泡 10 分鐘左右，然後再將米粒撈到濾
網中瀝乾，接著立即將米放到夾鏈袋中，放到冰箱裡靜置 1 個
小時，待米粒發脹後即可烹煮。煮飯的水量要比發脹的米量少
1/4 杯左右，才可以煮出軟硬適中的白飯。

將白飯調味

趁白飯剛煮好的時候，將鹽、芝麻和芝麻油放入
拌勻，才可以讓米粒均勻地入味；將飯勺立起用
切開的方式輕輕地攪拌即可。此時請先將飯勺沾
上醋水（水 1 杯，醋 1/2 小匙）再去拌飯，有助
於延長白飯的保存時間。

煮飯

煮飯時若加入 1 片昆布，可增添飯的香氣。在夏
季時加一、兩滴醋，能減緩壽司壞掉的速度。若
用煮過洋蔥外皮的水來煮飯，不僅能增加飯的甜
味，還可以延長保存期限。在白米中添加一些糯
米，則是有助於延遲米飯變硬的速度。

2 關於壽司 INFORMATION

壽司的華麗變身，
煮出彩色米飯

若要做出與眾不同的壽司，請從飯的顏色開始做變化。只要加一點點粉末，就能讓白飯變得五彩繽紛。假如想把青菜直接放到壽司裡，請先將青菜汆燙過再置入，以便去除生菜味。

* 米 1 又 1/2 杯 = 發脹的米 2 又 1/4 杯

YELLOW RICE

使用梔子粉或咖哩粉等香料，就可做出黃色的米飯。黃色的飯和加了辣椒醬的醬料十分搭配，再配上芝麻葉、生菜以及菠菜等綠色蔬菜，整體的配色會很鮮明。

梔子飯

材料
米 1 又 1/2 杯（或者是發脹的米 2 又 1/4 杯），梔子粉 2/3 大匙，水 2 杯

作法
1 將米先用水快速地洗一次然後倒掉，接著重覆此動作將米洗乾淨。
2 放入稍微淹過米量的水，將米泡在水裡發脹 10 分鐘。
3 將發脹的米放到濾網中瀝乾，再裝進夾鏈袋中。
4 在冰箱中靜置 1 個小時。
5 先將梔子粉放入 2 杯水中拌勻，再和發脹的米一起放入飯鍋中煮。

咖哩飯

材料
米 1 又 1/2 杯，原味咖哩粉 2/3 大匙，水 2 杯

作法
1 將米先用水快速地洗一次然後倒掉，接著重覆此動作將米洗乾淨。
2 放入稍微淹過米量的水，將米泡在水裡發脹 10 分鐘，再將發脹的米放到濾網中瀝乾，接著裝進夾鏈袋中。
3 在冰箱中靜置 1 個小時之後，將發脹的米和水一起放入飯鍋中煮。
4 原味咖哩粉的顆粒如果太粗，請先用篩網篩過。必須選用原味咖哩粉，才可以與其他食材互相融合。
5 在煮好的白飯中加入咖哩粉，然後用飯勺以切開的方式拌勻。

蛋黃飯

材料
米 1 又 1/2 杯，雞蛋 3 顆，水 2 杯
煮雞蛋的水： 鹽、醋各 1/2 小匙

作法
1 將米先用水快速地洗一次然後倒掉，接著重覆此動作將米洗乾淨。
2 放入稍微淹過米量的水，將米泡在水裡發脹 10 分鐘，再將發脹的米放到濾網中瀝乾，接著裝進夾鏈袋中。
3 在冰箱中靜置 1 個小時之後，將發脹的米和水一起放入飯鍋中炊煮。
4 把雞蛋放入加了鹽和醋的水中，用鍋子煮 10 ～ 15 分鐘。
5 將雞蛋的蛋白和蛋黃分開，再把蛋黃用篩網篩過。
6 將過篩的蛋黃放入白飯中拌勻。

即使沒有華麗的食材，米飯散發紫色的光澤就很出色了，再搭配奶油起司、綜合堅果、杏鮑菇以及雞肉等白色食材，壽司切好的斷面會很繽紛。

甜菜根飯

材料

米 1 又 1/2 杯，甜菜根粉 1 大匙，水 2 杯

作法

1. 將米先用水快速地洗一次然後倒掉，接著重覆此動作將米洗乾淨。
2. 放入稍微淹過米量的水，再將米泡在水裡發脹 10 分鐘。
3. 將發脹的米放到濾網中將水過濾掉，接著裝進夾鏈袋中，放到冰箱中靜置 1 個小時後，再放入飯鍋中炊煮。
4. 在煮好的白飯中加入甜菜根粉，然後用飯勺以切開的方式拌勻。

紫薯飯

材料

米 1 又 1/2 杯，紫薯 1/2 個，水 2 杯

作法

1. 將米先用水快速地洗一次然後倒掉，接著重覆此動作將米洗乾淨。
2. 放入稍微淹過米量的水，將米泡在水裡發脹 10 分鐘。
3. 將發脹的米放到濾網中瀝乾，接著裝進夾鏈袋中，放到冰箱中靜置 1 個小時。
4. 將紫薯切丁備用。
5. 把發脹的米、水和切好的紫薯丁一起放入飯鍋中炊煮。

若是要用雜糧飯做壽司，請務必注意混搭的五穀雜糧是否煮得熟透。需要泡久一點的豆類請提早泡水讓它發脹、軟化，以免吃到半生不熟的豆子。

紫蘇籽飯

材料

米 1 又 1/2 杯，紫蘇籽 1/2 杯，水 2 杯

作法

1. 將米先用水快速地洗一次然後倒掉，接著重覆此動作將米洗乾淨。
2. 放入稍微淹過米量的水，將米泡在水裡發脹 10 分鐘。
3. 將發脹的米放到濾網中瀝乾，接著裝進夾鏈袋中，放到冰箱中靜置 1 個小時。
4. 把發脹的米、水和紫蘇籽一起放入飯鍋中炊煮。

豌豆飯

材料

米 1 又 1/2 杯，豌豆 1/2 杯，水 2 杯

作法

1. 將米先用水快速地洗一次然後倒掉，接著重覆此動作將米洗乾淨。
2. 放入稍微淹過米量的水，將米泡在水裡發脹 10 分鐘。
3. 將發脹的米放到濾網中瀝乾，接著裝進夾鏈袋中，放到冰箱中靜置 1 個小時。
4. 把發脹的米、水和豌豆一起放入飯鍋中炊煮。

充滿春天氣息的綠色米飯，搭配肉類食材相當地合適，例如烤牛肉、辣炒豬肉或是
烤雞肉等都是絕配。若是再加上一點紅椒或紅蘿蔔這種鮮紅色食材，會調合出色彩
相當美麗的米飯

綠茶飯

材料

米 1 又 1/2 杯，綠茶粉 2/3 大匙，水 2 杯

作法

1 將米先用水快速地洗一次然後倒掉，接著重覆此動作將米洗乾淨。

2 放入稍微淹過米量的水，將米泡在水裡發脹 10 分鐘。

3 將發脹的米放到濾網中瀝乾，再裝進夾鏈袋中。

4 在冰箱中靜置 1 個小時。

5 先將綠茶粉放入 2 杯水中拌勻，再和發脹的米一起放入飯鍋中炊煮。

綠花椰菜飯

材料

白飯 1 碗，綠花椰菜 1/4 顆

<u>汆燙綠花椰菜的水</u>：水 2 杯，鹽 1/4 小匙

作法

1 將綠花椰菜洗乾淨，再放入加了鹽的滾水中汆燙 30 秒左右。

2 將汆燙好的綠花椰菜撈起，用冷水沖一下再放在篩網上瀝乾。

3 將瀝乾的綠花椰菜仔細地壓碎。

4 把壓碎的綠花椰菜放入白飯中拌勻。

菠菜飯

材料

米 1 又 1/2 杯，菠菜粉 2/3 大匙，水 2 杯

作法

1 將米先用水快速地洗一次然後倒掉，接著重覆此動作將米洗乾淨。

2 放入稍微淹過米量的水，將米泡在水裡發脹 10 分鐘。

3 在將發脹的米放到濾網中瀝乾，再裝進夾鏈袋中。

4 在冰箱中靜置 1 個小時。

5 先將菠菜粉放入 2 杯水中拌勻，再和發脹的米一起放入飯鍋中炊煮。

壽司的提味妙方，
製作健康的醬菜

沒有醃蘿蔔的壽司，可以說就像是沒有豆沙
餡的紅豆麵包吧？請試著用不同的食材取代
又甜又鹹的市售醃蘿蔔，替壽司增添嶄新的
風味吧！自己在家裡試著動手做做看用天然
色素醃製的梔子蘿蔔、醃小黃瓜、醃辣椒以
及醃杏鮑菇等，不但美味而且口感也很好，
本章即將介紹可以取代醃蘿蔔的食材。

原色醃蘿蔔

在家裡自己做的原色醃蘿蔔，比起外面市售
的醃蘿蔔甜度較低，而且加了檸檬，所以還
帶有一點清爽的酸味，再拌一點辣椒粉和芝
麻油，味道會更棒。

材料
蘿蔔 2 條（3kg），鹽 3 大匙，檸檬 1/4 顆
醃蘿蔔用的湯汁：糖、醋各 2 又 1/2 杯，水 1 杯

作法

1

蘿蔔切成 15cm x 1cm 的長條
狀，檸檬則是切成 0.2cm 的薄
片。把切好的蘿蔔放入容器中，
加入 3 大匙的鹽並醃製 30 分鐘。

2

鍋子裡放入糖和醋，加水拌勻
後煮沸，再靜置等湯汁冷卻。

3

將煮好的醃製湯汁倒入醃蘿蔔
的容器中，並且把檸檬片也放
進去。待湯汁完全冷卻之後，
將蓋子蓋上醃製一週左右。

COOKING
TIP

天然色素
梔子醃蘿蔔的
製作方法

如果想要為醃蘿蔔添加顏
色，可以將梔子粉2/3大
匙放入調料袋中，和檸檬
一起放入容器中醃製。若
是使用梔子果實，請將份
量改為2～3顆梔子，對
切成兩半放入醃製即可。

醃杏鮑菇

醃杏鮑菇也可以取代醃蘿蔔,不過當您手邊沒
有肉類食材時,用醃杏鮑菇來替代其實也相當
適合。請盡量去除水分之後再使用,如此一來
即使經過一段時間,也不會讓海苔變皺。

材料
杏鮑菇 10 個(2～3 包)
醃製用湯汁:醬油 1 又 1/3 杯,寡糖、青梅汁各 1/3 杯,青陽辣椒 2 根,大蒜 6 瓣
汆燙的食材:洋蔥 1/2 顆,1 段 3cm 的蘿蔔,1 張 5cm x 5cm 的昆布,水 3 又 1/2 杯

作法
1 將需要汆燙的食材放進鍋中煮沸後,先將昆布撈起來,再用小火繼續煮 15～20 分鐘。
2 把醃製用湯汁的材料放入步驟 1 裡,待湯汁煮沸之後把杏鮑菇放進去汆燙;剩下的湯汁放置一
 段時間等它冷卻。
3 將汆燙好的杏鮑菇放入容器中。
4 把冷卻的醃製用湯汁倒入容器中開始醃製。
5 兩天之後把醃杏鮑菇的湯汁取出,再次煮沸後放至冷卻,然後再倒回容器裡。

醃小黃瓜

若是壽司中加了醃小黃瓜,咬起來會有清脆
的口感;製作時一定要把小黃瓜的水分盡量
去除再使用,因為只要有一點水分,就會很
容易讓海苔變得溼軟。

材料
小黃瓜 15 條
醃製用湯汁:糖 3 杯,醋 2 杯,鹽 2/3 杯

作法
1 將鹽巴均勻地塗抹在小黃瓜的表面上。
2 將醃製用湯汁的食材放入碗裡,盡可能攪拌至完全溶解為止。
3 把小黃瓜放入容器中,再把醃製用湯汁倒入。一開始湯汁雖然無法完全蓋過小黃瓜,
 但之後小黃瓜的水分會慢慢地排出來,湯汁會逐漸淹過小黃瓜。

高麗菜泡菜

在壽司裡加一些高麗菜泡菜，壽司的口感會
更添爽脆。盡量減少高麗菜的水分是製作時
的重點。為了避免酸味太過突出，醃製的時
候請仔細調整份量。

材料
高麗菜 1 顆，檸檬 1/4 顆，月桂葉 1 片
醃製用湯汁：糖、醋各 2 又 1/2 杯，鹽 1 大匙，水 1 杯

作法
1 將高麗菜切成 2cm 大小的方形，檸檬則是切成 0.2cm 的薄片。
2 把切好的高麗菜和檸檬放入容器中。
3 將醃製用湯汁的材料放入鍋中，煮沸之後關火，靜置等待冷卻。
4 把冷卻的湯汁倒入步驟 2 之後即完成。

醃辣椒

若是吃膩了一般壽司的口味，請用醃辣椒取
代醃蘿蔔試試看，因為辛辣的辣椒香氣能減
低油膩感。若是擔心醃辣椒太過辛辣，不妨
切碎之後再加進去，口感會和壽司的食材十
分相配。

材料
辣椒 1kg
醃製用湯汁：醬油 2 杯，醋 1 又 2/3 杯，糖、青梅汁各 1 杯，清酒 1/4 杯
汆燙的食材：洋蔥 1/4 顆，紅蘿蔔 1/5 條，1 片 5cm x 5cm 的昆布，水 1 杯

作法
1 在汆燙的食材放進鍋中煮沸後，將昆布撈起，再用小火繼續煮 5 分鐘左右。
2 用叉子在辣椒上戳幾個洞，若是想要快點入味，也可以用刀子切開辣椒。
3 把醃製用湯汁的材料放入步驟1裡，待湯汁煮沸之後，放置一段時間讓它完全冷卻。
4 把辣椒放入容器中，再把醃製用湯汁倒入。
5 放置一週之後取出醃辣椒的湯汁，再次煮沸後放至冷卻，然後再倒回容器裡。醃辣椒
   比起其他的醃漬品更花時間，至少要醃一個月以上才會熟成入味。

一般壽司v.s.外捲壽司v.s.蛋皮壽司 v.s.三明治壽司的作法

製作壽司的方法一點也不難,而且有五花八門的
樣式可發揮。將內餡食材捲得圓圓的壽司、花俏
的外捲壽司、完整無損的蛋皮壽司,以及近期蔚
為流行的三明治壽司等,本章節會將各種壽司作
法全部告訴您。

一般壽司→將食材全部放在中間

您若擔心捲壽司時，中間的食材常常會被擠向某側，請試著將放置食材的順序改變一下，只要將比較重的食材留到最後再放，壽司的成品就會很漂亮。

作法

1

將海苔較粗糙的那一面朝上，在離自己較遠的那一端留下5cm，剩餘的部分請盡量均勻地鋪上白飯。

2

請先在白飯上放上葉菜類、寬的蛋皮或是半張海苔，然後再放上其他食材。

3

依各種食材的顏色層層地排放，像是醃蘿蔔或小黃瓜等比較重的食材請留到最後再放，讓它們可以固定壽司的結構。

4

捲壽司時，注意不要讓食材跑出來，彎曲手指像是要將食材包覆起來似地固定好，再將壽司往前推動捲起。

5

用壽司捲簾再捲一次，固定好壽司的形狀。刀子先沾上醋水或油之後再切。

外捲壽司→花俏一點的作法

在特別的日子裡，可以用外捲壽司來展現不同的用餐氛圍，只要利用保鮮膜就能輕鬆完成。選擇小黃瓜、酪梨以及奶油起司當作內餡，最後在表面沾一點飛魚卵等食材，就是一道與眾不同的加州捲壽司。

先在壽司捲簾上鋪上一層保鮮膜，再鋪上 1 張海苔，海苔粗糙的部分朝上。

這時在整張海苔上均勻地鋪滿白飯，請務必將白飯密密實實地鋪滿，這樣做好的壽司表面才不會出現洞孔。

保鮮膜維持原先的狀態不動，只要將步驟 2 鋪好白飯的海苔翻面即可。

把之前準備好的食材放到海苔上面。

用保鮮膜將步驟 4 放好的食材捲起來，做成外捲壽司。

用壽司捲簾將步驟 5 已包覆保鮮膜的壽司再次捲起，將壽司的外形固定好。

用沾上醋水的刀子切開包著保鮮膜的壽司，如此一來壽司的表面才不會一下子就變得乾燥，吃起來也比較方便。

蛋皮壽司→讓壽司穿上一件蛋皮外衣

如果還有餘裕，想再加以變化的話，請試著挑戰製作蛋皮壽司。只要在現成做好的壽司外層加上一張蛋皮，壽司的味道和外觀就會變得完全不一樣。蛋皮要另外再調味，才不會讓壽司的味道變淡，若以壽司 2 條為基準，需要雞蛋 4 顆、料理專用酒 1 小匙以及鹽 1/3 小匙，請先攪拌均勻之後再使用。

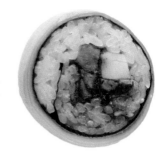

請先準備一般的壽司。

把雞蛋打好之後放到濾網上過篩，將蛋裡的繫帶、胚盤去除。

在去除繫帶的蛋液裡放入料理專用酒和鹽，請注意攪拌時盡量不要產生泡沫。

用小火先將平底鍋加熱，在鍋底抹油後，再用廚房紙巾擦拭。

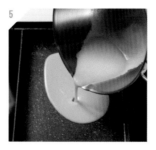

在小火的狀態下，將蛋液慢慢地倒入平底鍋中。

當蛋皮開始煎熟的時候，請用牙籤沿著蛋皮的邊緣撕起來。

將事先準備好的壽司放到步驟 6 的蛋皮上，用捲動的方式讓壽司裹上一層蛋衣。等蛋皮冷卻後，再用沾上醋水的刀子切開。

請您挑戰看看，最近在日本引起一陣旋風的人氣三明治壽司「おにぎらず」（不用捏的飯糰），將
米飯漢堡用海苔包起來即可，就像三明治一樣攜帶方便，令人無論在哪裡都可以美味地享用。

在砧板上依序放上保鮮膜和
海苔，海苔粗糙的那一面請
朝上。

在海苔的中央位置鋪上一層
10cm x 10cm 的方形白飯。

在步驟 2 的白飯上面，把準備
好的食材一層層堆疊上去。食
材本身的大小也盡量不要超過
10cm x 10cm。

在所有的食材上面，再鋪上一
層與步驟 2 相同份量的白飯。

將海苔的四個角往中心折進
來，包成方形的模樣。

將步驟 5 做好的方形壽司用保
鮮膜包起來，接著再固定外形。

用沾上醋水的刀子從中間切
成 2 等分的長方形即完成。

8款沾醬＋壽司

本章要介紹不需要特殊食材、
隨時隨地都可以輕鬆製作的壽司。
試著將拌飯或是炒飯用海苔捲起來，
做成可以沾著醬汁吃的壽司。
從2歲的孩子到爺爺奶奶都會喜歡，
是輕巧又別緻的特別壽司。

- 蔬菜炒飯壽司＋豆泥醬
- 泡菜炒飯壽司＋奶油起司醬
- 素麵條壽司＋蘋果酸辣醬
- 蛋炒飯壽司＋菠菜咖哩醬
- 白米壽司＋肉末堅果辣椒醬
- 醬油拌飯壽司＋豆腐堅果美乃滋醬
- 紫米壽司＋蔬菜豆瓣醬
- 鮪魚炒飯壽司＋青紅辣椒醬油

泡菜炒飯壽司＋奶油起司醬

蛋炒飯壽司＋
菠菜咖哩醬

蔬菜炒飯壽司＋豆泥醬

將不好處理的剩菜切成碎末做成炒飯，再試著做成壽司。其中鷹嘴豆因為帶有板栗香味，所以在韓國又被稱為栗豆；假如壽司搭配以鷹嘴豆做成的豆泥一起吃，會在口中散發出春天的氣息。如果家裡沒有鷹嘴豆，使用做醬油的黃豆取代也很不錯，不過煮黃豆時，要注意掌握時間，因為煮的時間太短會留有豆味；但是時間太長又容易產生發酵的味道。

蔬菜炒飯壽司＋豆泥醬

素麵條壽司＋
蘋果酸辣醬

■■ ■ 材料
■ ■ 白飯 1 碗（200g），壽司海苔 2 張，洋蔥 1/5 顆，紅蘿蔔、櫛瓜各 1/8 條，蔥末 1 大匙，橄欖油少許

白飯的调味料：芝麻油 1 小匙，芝麻 1/2 小匙，鹽 1/4 小匙

豆泥醬：鷹嘴豆 1/4 杯，大蒜 6 瓣，橄欖油 6 大匙，芝麻、檸檬汁各 3 大匙，辣椒粉、寡糖、鹽各 1 小匙

作法

1 先調味好白飯；前一晚先把鷹嘴豆泡在水裡發脹；紅蘿蔔、洋蔥和櫛瓜先切成碎末備用。

2 先在鍋子倒些橄欖油，再把蔥末放進去炒，接著再把洋蔥、紅蘿蔔和櫛瓜放進去一起炒。

3 將調味過的米飯放入步驟 2 中一起炒。

4 將海苔從中間劃十字切成 4 等分，準備 8 小張備用。

5 把步驟 3 炒好的蔬菜炒飯放到海苔上，捲成直徑 2cm 左右的壽司。

6 把步驟 1 泡好的鷹嘴豆放入鍋中煮 20 分鐘；大蒜切片並放入平底鍋中煎至金黃色。

7 把煮好的鷹嘴豆、煎好的蒜片和剩下的豆泥醬食材一併放入研磨機裡攪拌，醬汁完成之後，搭配蔬菜炒飯壽司一起吃。

泡菜炒飯壽司＋
奶油起司醬

若冰箱內有剩餘的泡菜，可以把泡菜切成細絲，跟白飯一起做成炒飯，再放到海苔上面，簡單又美味的壽司就輕鬆地完成了。搭配奶油起司醬享用，可以平衡泡菜的辣味，十分對味，若是想要增加醬料的香氣，可以在起司醬裡加一些磨碎的芝麻粉。

 材料
白飯 1 碗（200g），壽司海苔 2 張，泡菜 1/2 杯，洋蔥末 2 大匙，橄欖油少許

泡菜的調味料：紫蘇油 1 小匙，糖 1/2 小匙，蒜末 1/4 小匙

奶油起司醬：奶油起司、原味優格各 3 大匙，寡糖 1 大匙，檸檬汁 1/2 大匙

作法

1 把泡菜切細之後，放入泡菜的調味料。

2 先在平底鍋倒些橄欖油，再把洋蔥末放下去炒。

3 把加了調味料的泡菜放到步驟 2 的平底鍋裡一起炒，再把白飯放進去做成泡菜炒飯。

4 將海苔從中間劃十字切成 4 等分，準備 8 小張備用。

5 把步驟 3 炒好的泡菜炒飯放到海苔上，再捲成直徑 2cm 左右的壽司。

6 在碗裡放入奶油起司、原味優格、寡糖和檸檬汁拌勻做成奶油起司醬，搭配泡菜炒飯壽司一起吃。

COOKING TIP

若是使用自己手做的優格，請增加寡糖的用量

做醬料時，若是無法攪拌均勻，可以使用打蛋器來輔助。另外用水果醋、柚子或橘子來取代檸檬汁也很不錯。如果是用自己家中手做的優格，建議稍微增加寡糖或蜂蜜的用量，會讓醬料變得更美味。

素麵條壽司＋
蘋果酸辣醬

這是用素麵條取代白飯做成的壽司，再搭配酸酸甜甜的蘋果酸辣醬一起吃，有種把韓式拌麵當作壽司來吃的新鮮感。若把汆燙過的魷魚或螺肉切碎再加進去，吃起來的口感會更有嚼勁。

■■ 材料
■■ 素麵條一把（60g），壽司海苔 2 張
蘋果酸辣醬：蘋果 1/5 顆，辣椒醬、醋各 2 大匙，青梅汁 1 大匙，糖 2 小匙，芝麻、芝麻油各 1 小匙

作法
1 把素麵條放入沸水中煮熟，當水沸騰時請加冷水，此步驟須重覆 2 次，然後再繼續煮 2 分鐘。
2 為了讓麵條上的澱粉掉落，請反覆在水裡晃動幾次再撈起，然後把麵條放到濾網上，盡量將水分瀝乾。
3 將海苔從中間劃十字切成 4 等分，準備 8 小張備用。
4 把煮好的素麵條放到海苔上，捲成直徑 2cm 左右的壽司。
5 把切碎的蘋果放進碗裡，再放入其他調味料一起拌勻。
6 用素麵條壽司沾著蘋果酸辣醬一起吃。

COOKING TIP

**切碎的蘋果請先浸泡
在糖水中再使用**

因為切好的蘋果很容易變成褐色，所以要先浸泡在糖水中再使用。另外也可以稍微減少調味料中糖的用量，以少許蘋果汁來取代，蘋果的香氣會變得更加濃郁。用其他當季的水果來取代蘋果也一樣會很美味。

蛋炒飯壽司＋
菠菜咖哩醬

打一顆蛋和白飯做成炒飯，就是簡單美味的一餐。若是再加上滿滿的蔥末，讓炒飯均勻地沾上蔥花的香氣，滋味會更上一層樓。搭配菠菜咖哩醬一起吃，即是營養滿分的組合。

■■ 材料
■■ 白飯 1 碗（200g），壽司海苔 2 張，雞蛋 2 顆，蔥末 1 大匙，芝麻油 1 小匙，芝麻 1/2 小匙，鹽 1/4 小匙，橄欖油少許

菠菜咖哩醬： 菠菜 1/2 把、洋蔥、番茄各 1/2 顆，咖哩粉 1/2 包，水 1 杯，牛奶 1/2 杯，芥花籽油 1 大匙，鹽 1/3 小匙，胡椒粉少許

作法
1 先在平底鍋倒些橄欖油，把蔥末放下去炒，再打 2 顆雞蛋下去一起炒。
2 在步驟 1 的平底鍋裡放入白飯、芝麻油、芝麻和鹽等調味料拌炒，蛋炒飯就完成了。
3 將海苔從中間劃十字切成 4 等分，準備 8 小張備用。再把步驟 2 炒好的蛋炒飯放到海苔上，捲成直徑 2cm 左右的壽司。
4 將菠菜切成適當的大小；洋蔥切絲；在番茄表皮上劃十字，放到滾水中汆燙 20 秒左右再撈起來，剝皮後切絲備用。
5 在加熱後的平底鍋裡倒入芥花籽油，先把切絲的洋蔥炒到呈現透明色澤，再把番茄和菠菜放進去一起炒。
6 在步驟 5 的鍋子裡加入 1 杯水煮沸，以中火煮 3 分鐘後，關火靜置冷卻。
7 將步驟 6 中的食材放入攪拌機中，拌勻之後放入鍋中，再加入咖哩粉和牛奶，用小火煮沸，關火之後再加入鹽和胡椒粉即完成。

COOKING TIP

將食材先炒過，
醬料會更有味道

調製醬料時，若是先把洋蔥、番茄和菠菜稍微炒過再加進去，就可以做出更有層次的滋味。如果想讓味道變得更豐富，請將洋蔥炒到略帶褐色再加進去。若是想要做出溫和的味道，可以用牛奶取代水來調高醬汁的濃度，或加一點鮮奶油也不錯。

白米壽司＋
肉末堅果辣椒醬

請試著在辣椒醬中加入各式材料，做成風味辣椒醬。像是加了很多牛肉末的美味辣椒醬，不僅可以拿來當作壽司沾醬，用來佐涼拌菜一起吃也毫不遜色。

 材料
白飯 1 碗（200g），壽司海苔 2 張

白飯的調味料：芝麻油 1 小匙，芝麻 1/2 小匙，鹽 1/4 小匙

肉末堅果辣椒醬：牛肉末 3 大匙（50g），辣椒醬 4 大匙，洋蔥末、綜合堅果（核桃、杏仁、腰果）各 2 大匙，寡糖 1 又 1/2 大匙，芝麻油、糖各 1/2 大匙，泡過昆布的水或者一般的水 1/2 杯

牛肉的調味料：蔥末 1 小匙，蒜末、糖、料理專用酒各 1/2 小匙，胡椒粉少許

作法

1 先調味好白飯，再將海苔從中間劃十字切成 4 等分，然後準備 8 小張備用。

2 再把調味好的白飯放到海苔上，捲成直徑 2cm 左右的壽司。

3 把牛肉末放到廚房紙巾上，將血水去除再調味；綜合堅果拍碎備用。

4 在平底鍋倒些芝麻油，把洋蔥末炒到呈現透明色澤，再把調味過的牛肉末一起放下去炒。

5 在步驟 4 的鍋子中放入泡過昆布的水，用中火翻炒。待湯汁滾沸之後轉小火，接著放入寡糖和糖拌勻，再把爐火關掉。

6 最後把拍碎的綜合堅果放上去，肉末堅果辣椒醬就完成了，請搭配白米壽司一起吃。

COOKING TIP

**寡糖和糖
請留到最後再放**

製作醬料時，若先放寡糖或糖再煮沸，在醬料互相融合之前，糖類的調味料八成就已經焦掉了。記住，糖類要留到最後再放，才會讓醬料散發出閃亮的光澤。也可以試著用青梅汁或水果醋來取代糖和寡糖，香氣和味道都會變得更棒。

紫米壽司＋
蔬菜豆瓣醬

醬油拌飯壽司＋
豆腐堅果美乃滋醬

鮪魚炒飯壽司＋
青紅辣椒醬油

白米壽司＋
肉末堅果辣椒醬

醬油拌飯壽司＋
豆腐堅果美乃滋醬

辣味的醬油拌飯壽司要沾著香氣十足的醬料一
起吃才會更美味。搭配用豆腐和堅果取代雞蛋
調製而成的美乃滋醬，這樣的組合可說是絕
配；當作三明治或墨西哥玉米餅的佐醬也很適
合。作法很簡單，把食材全部丟到研磨機裡打
碎，美味的豆腐堅果美乃滋醬就馬上完成了。

材料
白飯 1 碗（200g），壽司海苔 2 張
醬油拌飯的調味料：青陽辣椒 1 根，醬油、水各 1
大匙，糖 1/2 大匙，芝麻油 1 小匙，蒜末、芝麻各
1/2 小匙
豆腐堅果美乃滋醬：豆腐 1/2 塊，綜合堅果（核
桃、杏仁、腰果）1/2 杯，橄欖油 2 大匙，醋、寡
糖各 1/2 大匙，鹽少許

作法
1 先把青陽辣椒切碎，再和醬油、水、糖、蒜末
  一起放入鍋子裡，用小火熬煮。
2 在白飯裡加入步驟1的食材、芝麻油和芝麻一
  起攪拌，醬油拌飯即完成。
3 將海苔從中間劃十字切成 4 等分，準備 8 小張
  備用。
4 把步驟 2 做好的醬油拌飯放到海苔上，捲成直
  徑 2cm 左右的壽司。
5 用廚房紙巾將豆腐包起來去除水分，最好將豆
  腐的水分完全去除，才不會讓醬料的味道變淡。
6 把瀝乾的豆腐和剩下的醬料食材一起放入研磨
  機裡打碎，醬料完成以後請搭配醬油拌飯壽司
  一同享用。

紫米壽司＋蔬菜豆瓣醬

就像乾拌豆瓣醬一樣，蔬菜豆瓣醬也是幾乎不含水分的醬料，而且並非一定
要用薺菜不可，改用當季盛產的蔬菜也很好。春季可以用青綠色的蔬菜，秋
季時可以改用甜度高的蘿蔔、蓮藕或是牛蒡，切碎之後加進去，也可以做出
美味的醬料。

■■ 材料
紫米飯 1 碗（200g），壽司海苔 2 張

紫米飯的調味料：芝麻油 1 小匙，芝麻 1/2 小匙，鹽 1/4 小匙

蔬菜豆瓣醬：牛肉末 3 大匙（50g），薺菜 1 杯（20g），青、紅辣椒各 1/2 根，豆瓣醬 3 大匙，
洋蔥末 2 大匙、寡糖 1 大匙，蒜末 1/2 大匙，芝麻油 1/3 大匙，水 1/4 杯

牛肉的調味料：糖、芝麻油、料理專用酒各 1/2 小匙，胡椒粉少許

作法

1 在紫米飯中加入芝麻油、芝麻和鹽調味。

2 將海苔從中間劃十字切成 4 等分，準備 8 小張備用。把紫米飯放到海苔上，捲成直徑 2cm
左右的壽司。

3 肉末放到廚房紙巾上，將血水去除之後再調味。

4 把薺菜和青、紅辣椒切成 0.2cm x 0.2cm 的大小。

5 在平底鍋倒些芝麻油，先把洋蔥放下去炒，再把調味好的牛肉下鍋一起炒。

6 在步驟 5 的平底鍋裡加入切好的薺菜和青、紅辣椒，再加入其他蔬菜豆瓣醬的食材，用中、
小火煮沸完成，就可以搭配紫米壽司一起吃。

鮪魚炒飯壽司＋
青紅辣椒醬油

只要一個鮪魚罐頭，三兩下就可以做出清爽的鮪魚炒飯，再加一道手續就可以變成鮪魚炒飯壽司了，若搭配辛辣中帶著酸甜滋味的青紅辣椒醬油一起享用，風味更是錦上添花。如果想要更突顯辣味，可以加一點青陽辣椒。

■■ 材料
■■　　白飯 1 碗（200g），壽司海苔 2 張，鮪魚罐頭 1 個（100g），蔥末、洋蔥末各 1 大匙，蒜末 1 小匙，橄欖油少許

鮪魚炒飯的調味料：芝麻油 1 小匙，芝麻 1/2 小匙，鹽 1/4 小匙

青紅辣椒醬油：青、紅辣椒各 1 根，大蔥 5cm，水 3 又 1/2 大匙，醋 3 大匙，醬油 1 又 2/3 大匙，青梅汁 1 大匙，糖 2/3 大匙，料理專用酒 1 小匙

作法

1. 先調味好白飯，再把鮪魚倒在濾網上去除油脂。

2. 在平底鍋倒些橄欖油，再把蔥末、洋蔥末和蒜末放下去炒，最後再把鮪魚放入一起炒。

3. 把調味過的白飯放入步驟 2 的平底鍋裡一起炒，鮪魚炒飯即完成。

4. 將海苔從中間劃十字切成 4 等分，準備 8 小張備用。把炒好的鮪魚炒飯放到海苔上，捲成直徑 2cm 左右的壽司。

5. 把大蔥切成蔥末，加上青、紅辣椒與其他食材一起拌勻，即完成醬料，搭配鮪魚炒飯壽司一起吃。

COOKING
TIP

掌握辣中帶酸的滋味

醬料中的酸味部分，可以用檸檬汁代替醋，效果也很不錯。一般油炸食品可以搭配生萵苣，再淋上一點青紅辣椒醬油，就能在辛辣的味道中帶著清爽口感。若是喜歡吃辣的朋友，可以用青陽辣椒來取代青辣椒。

沾醬吃的壽司
**壽司與醬料
請分開盛裝**

說到郊遊野餐的菜色，沒有比壽司更適合的料理了。但是天
氣炎熱時，壽司容易壞掉的問題，著實令人煩惱。此時可以
試著準備沒有包餡料的沾醬壽司，如果將五彩繽紛的米飯與
滋味絕佳的炒飯做成壽司，再把沾醬用其他容器個別盛裝的
話，不管到哪裡都可以輕鬆地享用美味的一餐。

海苔＋白飯＋
1種食材

在海苔和白飯上面，放上一種食材，就能做成美味的壽司。
像是辣味魚板、醬煮黑豆和辣椒醬炒秀珍菇等，
飯桌上常見的料理或涼拌菜，都可以成為很出色的壽司食材，
一點也不費功夫；本章即將介紹用現成的菜色就可以完成的壽司。

- 炸莫札瑞拉起司壽司
- 炒蘿蔔泡菜壽司
- 辣味魚板壽司
- 醬牛肉絲壽司
- 醬煮黑豆壽司
- 蛋絲壽司
- 烤肉醬明太魚絲壽司
- 辣炒洋蔥壽司
- 辣椒醬炒秀珍菇壽司
- 青辣椒鑲豆瓣醬壽司

炸莫札瑞拉起司壽司

想要享用與平常不一樣的壽司時，可以試著挑戰做做看油炸壽司。紫米飯和
莫札瑞拉起司的組合相當地特別，酥脆的麵包粉外衣搭配綿密的起司，別有
一番風味。如果想讓起司的味道更加濃厚，可以再加一些切達起司。

材料

紫米飯 1 碗（200g），壽司海苔 2 張，莫札瑞拉起司 100g，雞蛋 1 顆，麵包粉 1 杯，麵
粉 1/3 杯，芥花籽油 2 杯（油炸用），辣椒醬 2 大匙（沾醬用）

紫米飯的調味料：芝麻油 1 小匙、芝麻 1/2 小匙，鹽 1/4 小匙

作法

1 將芝麻油、芝麻和鹽放入紫米飯中拌勻調味。

2 把海苔從中間劃十字切成 4 等分，準備 8 小張備用。把調味過的紫米飯平均地鋪在海苔上，
再放一些莫札瑞拉起司後捲成壽司。

3 把雞蛋打成蛋液，再將步驟 2 捲好的壽司依右邊的順序裹上麵衣，麵粉→蛋液→麵包粉。

4 將芥花籽油加熱到 170℃，再把步驟 3 裹好麵衣的壽司炸成金黃色，完成之後請沾著辣椒醬
一起吃。

炒蘿蔔泡菜壽司

冰箱裡面若有醃蘿蔔或醋蘿蔔，可將之切碎後，加一點調味料一起炒，喚醒食慾的炒醃蘿蔔就完成了。把炒蘿蔔當作壽司內餡，吃起來別有一番滋味。若是覺得醃蘿蔔的酸味過於強烈，可以加一點糖來緩和酸味。

 材料
　　白飯 1 碗（200g），壽司海苔 2 張，醃蘿蔔 1 杯，紫蘇油 1/2 大匙
白飯的調味料：芝麻油 1 小匙，芝麻 1/2 小匙，鹽 1/4 小匙
炒醃蘿蔔的調味料：糖 1 小匙，寡糖、料理專用酒各 1/2 小匙

作法
1 先調味好白飯；把醃蘿蔔切碎備用。
2 在平底鍋倒些紫蘇油，把醃蘿蔔和調味料一起放下去炒，炒至水分完全消失為止。
3 將海苔橫向對切成 2 等分，準備 4 小張備用。
4 在壽司捲簾上鋪上海苔，均勻地鋪上白飯，最後再將炒過的醃蘿蔔放上去捲成壽司。
5 用沾上醋水的刀子將壽司切成易入口的大小。

COOKING TIP

若想消除泡菜異味，可以加一點韓國的馬格利酒

醃蘿蔔切得越細，就越能拌入米飯。若沒有醃蘿蔔，也可以用適合當作壽司內餡的嫩蘿蔔泡菜或醋蘿蔔替代。若是使用散發濃重泡菜味的陳年泡菜，可加一點馬格利酒一起炒，不僅可去除濃重的味道，同時還可讓料理變得更美味。

辣味魚板壽司

沒有胃口時，試著把炒得辣呼呼的魚板包到壽司裡，這道菜一定會讓您食慾大振。不管用什麼形狀的魚板都無所謂，想要吃辣一點，可以加入切碎的青陽辣椒；想要降低辣度，搭配奶油起司醬是個不錯的選擇。

 材料
白飯 1 碗（200g），壽司海苔 2 張，方形魚板 2 片（100g），橄欖油 1/2 大匙
白飯的調味料：芝麻油 1 小匙，芝麻 1/2 小匙，鹽 1/4 小匙
辣味魚板的調味料：青陽辣椒粉 2/3 大匙，水、寡糖各 1/2 大匙，醬油、糖、蒜末各 1 小匙

作法
1 將芝麻油、芝麻和鹽放入白飯中拌勻調味。
2 把方形魚板切成 5cm 的寬度，放到沸水中汆燙 10 秒鐘左右。
3 在平底鍋倒些橄欖油，把蒜末下鍋炒之後再炒魚板，當魚板開始變色時，把剩下的調味料全部一起放下去炒。
4 將海苔橫向對切成 2 等分，準備 4 小張備用。
5 把海苔放在壽司捲簾上，均勻地鋪上白飯，最後再把辣味魚板放上去捲成壽司。
6 用沾上醋水的刀子將壽司切成易入口的大小。

COOKING TIP

魚板請用滾水稍微汆燙一下再使用

因為魚板是將魚肉磨成泥再油炸製成，所以含有相當多的油脂。在使用前先用滾水稍微汆燙過，就可去油，這樣才品嚐得到清爽的魚板滋味。如果覺得煮水再汆燙太麻煩，也可以把魚板在熱水裡過一下再使用。

醬牛肉絲壽司

將醃過醬料的牛肉絲炒一炒，就可以完成一項出色的壽司內餡。用什錦菜裡的豬肉、雞胸肉或雞里肌肉來取代牛肉絲也很不錯。但是肉類一定要用醬料醃個 10 分鐘以上再下鍋炒，如此一來才能入味，做出來的壽司內餡會更美味。

 材料

白飯 1 碗（200g），壽司海苔 2 張，牛肉絲 100g

白飯的調味料：芝麻油 1 小匙，芝麻 1/2 小匙，鹽 1/4 小匙

牛肉的調味料：洋蔥汁、糖各 1/2 大匙

醬牛肉絲的調味料：陳年醬油 1 大匙，蔥末、寡糖各 1/2 大匙，蒜末、芝麻油各 1 小匙，胡椒粉、芝麻各少許

作法

1 將芝麻油、芝麻和鹽放入白飯中拌勻調味。

2 把牛肉末放到廚房紙巾上，將血水去除之後再調味，接著醃個 10 分鐘左右。

3 在步驟 2 的醬牛肉放入陳年醬油、蔥末、蒜末、芝麻油和胡椒粉一起拌勻，然後再下鍋翻炒，接著加入寡糖和芝麻再炒一下。

4 將海苔橫向對切成 2 等分，準備 4 小張備用。

5 把海苔放在壽司捲簾上，均勻地鋪上白飯，最後再把醬牛肉絲放上去捲成壽司。

6 用沾上醋水的刀子將壽司切成易入口的大小。

* 陳年醬油（진간장）：由日本傳入的改良製造方式，適合加熱，鹽分相較湯用醬油低且有甜味。

COOKING TIP

善用洋蔥汁和糖
去除肉類腥味

做醬牛肉絲時，務必要先將牛肉的血水去除後，再用洋蔥汁和糖調味，才可以做出沒有異味且口感柔和的牛肉。若是再加一點鳳梨汁或奇異果汁，則會讓肉質變得更柔軟。

醬煮黑豆壽司

醬煮黑豆是餐桌上常見的小菜之一，可是孩子們卻總對這道小菜敬而遠之，如果把它包進壽司裡，即使平時對它不感興趣的孩子也會把它吃下肚。假使把黑豆改成生的花生，就會變成一道新穎的醬煮花生。

■■ 材料
白飯 1 碗（200g），壽司海苔 2 張，黑豆 1 杯，水 2 又 1/2 杯
白飯的調味料：芝麻油 1 小匙，芝麻 1/2 小匙，鹽 1/4 小匙
醬煮黑豆的調味料：醬油 3 大匙，糖、寡糖分別為 1 又 1/2 大匙，芝麻少許

作法
1 將芝麻油、芝麻和鹽放入白飯中拌勻調味。
2 將黑豆洗乾淨之後，放入 2 又 1/2 杯的水中，浸泡 3 個小時以上讓黑豆發脹。
3 把步驟 2 泡好的黑豆先煮 15 分鐘，放入醬油和糖，再用中小火熬煮 20 分鐘，一直煮到湯汁快見底，鍋子裡只剩下 2 ～ 3 大匙左右的湯汁為止。
4 把寡糖和芝麻放入步驟 3 的鍋中，用大火熬煮一下，醬煮黑豆就完成了。
5 將海苔橫向對切成 2 等分，準備 4 小張備用。
6 把海苔放在壽司捲簾上，均勻地鋪上白飯，最後把醬煮黑豆放上去捲成壽司。用沾上醋水的刀子將壽司切成容易入口的大小。

COOKING
TIP

**寡糖要到
最後一個階段才放**

烹調醬煮黑豆時，若是在湯汁還很多的時候就放寡糖，那麼在黑豆散發出光澤前，寡糖可能就已煮焦了。煮的時候請將鍋子傾斜，以便目測湯汁煮沸後的份量。若是想要讓黑豆散發出誘人的光澤，請在最後再把寡糖或蜂蜜加進去，用大火快速將湯汁收乾即可。

蛋絲壽司

烤肉醬明太魚絲壽司

蛋絲壽司

口感就像在吃鬆軟的雞蛋糕一樣，不過做蛋絲壽司時，要多加一點鹽巴調味，吃起來才不會覺得味道太過清淡。

 材料
白飯 1 碗（200g），壽司海苔 2 張，雞蛋 4 顆，
橄欖油 1/2 大匙

白飯的調味料：芝麻油 1 小匙，芝麻 1/2 小匙，鹽 1/4 小匙

蛋絲的調味料：料理專用酒 1 小匙，鹽 1/3 小匙

作法

1 先調味好白飯；把蛋液倒入濾網上過篩，去除繫帶，然後再放入調味料，請注意攪拌時盡量不要產生泡沫。

2 用小火將平底鍋加熱，讓橄欖油均勻地流過鍋底之後，再用廚房紙巾擦拭，接著再把蛋液倒入鍋中煎。

3 將步驟 2 的煎蛋起鍋冷卻，之後切成厚度 0.2cm 的蛋絲，再做成壽司即完成。

烤肉醬明太魚絲壽司

即使只在明太魚絲裡加一點烤肉的基本醬料，也會變身成一道別具風格的食材。做壽司最好選擇沒有魚刺且魚身較薄的明太魚絲為佳，請先泡水發脹之後再使用。

■ 材料
白飯 1 碗（200g），壽司海苔 2 張，明太魚絲 1 又 1/2 杯（15g），水 1/4 杯，紫蘇油 1 小匙

白飯的調味料：芝麻油 1 小匙，芝麻 1/2 小匙，鹽 1/4 小匙

明太魚絲的調味料：料理專用酒 1/2 大匙，蒜末 1/2 小匙，胡椒粉少許

烤肉醬的調味料：醬油 1/2 大匙，糖 1 小匙，蔥末、蒜末、芝麻油各 1/2 小匙，胡椒粉少許

作法

1 先調味好白飯；把 1/4 杯的水倒入明太魚絲裡，讓明太魚絲變得溼潤後再開始放調味料。

2 在熱鍋中倒入紫蘇油之後，再把調味好的明太魚絲放下去炒，接著再把烤肉醬放下去一起炒。

3 將海苔橫向對切成 2 等分，準備 4 小張備用。將調味好的白飯均勻地鋪到海苔上，再把烤肉醬明太魚絲放上去捲成壽司。

辣炒洋蔥壽司

只要把洋蔥用醬料炒一炒，就會變身成美味的菜色。辣炒洋蔥即是把洋蔥從配角變成主角的料理。洋蔥是越炒越會散發出甜味的食材，若是再加上一點豬肉末，滋味會更有層次。

 材料
白飯 1 碗（200g），壽司海苔 2 張，洋蔥 2/3 顆（150g），橄欖油 1/2 大匙
白飯的調味料：芝麻油 1 小匙，芝麻 1/2 小匙，鹽 1/4 小匙
辣炒洋蔥的調味料：胡椒粉、水各 1 大匙，醬油 1/2 大匙，辣椒醬、蒜末、芝麻油各 1/2 小匙，糖 1 小匙，胡椒粉少許

作法

1 將芝麻油、芝麻和鹽放入白飯中拌勻調味。

2 把洋蔥切成 0.2cm 的絲狀，放到加了橄欖油的平底鍋裡翻炒，一直炒到洋蔥呈現透明色澤為止。

3 在步驟 2 的平底鍋中加入辣炒洋蔥的調味料，持續炒到水分收乾為止。

4 將海苔縱切成 3 等分，準備 6 小張備用。

5 把海苔放在壽司捲簾上，接著把調味過的白飯均勻地鋪上去捲成壽司。

6 用沾上醋水的刀子將壽司切成易入口的大小。

COOKING TIP

洋蔥請務必要炒到水分收乾為止再使用

洋蔥必須要炒到水分完全消失，才會讓洋蔥散發出更多甜味。特別是要用來當作壽司內餡的洋蔥，一定要讓水分完全收乾，做成壽司時，海苔才不會因潮溼而輕易的破掉。

辣椒醬
炒秀珍菇壽司

請試著用菇類中價格最低廉的秀珍菇來做壽司吧！秀珍菇先用大火炒過，再加上辣呼呼的辣椒醬拌炒，無論是當作壽司內餡或小菜吃都很棒！而且不管什麼樣的菇類都可做成這道料理。

■■ 材料
■■ 玄米飯 1 碗（200g），壽司海苔 2 張，秀珍菇 1 包（200g）
<u>玄米飯的調味料</u>：芝麻油 1 小匙，芝麻 1/2 小匙，鹽 1/4 小匙
<u>辣椒醬拌秀珍菇的調味料</u>：辣椒醬、寡糖各 1 大匙，胡椒粉 1/2 大匙，芝麻油 1 小匙，醬油 1/2 小匙，糖 1/3 小匙

作法

1　把調味料加到玄米飯中調味。

2　將秀珍菇以 2 ～ 3 朵為單位撕開。

3　將秀珍菇放入預熱的平底鍋，用大火炒至水分完全收乾為止，起鍋等待冷卻。

4　把辣椒醬等調味料放入步驟 3 的平底鍋裡，將醬料與秀珍菇攪拌均勻。

5　把海苔劃十字切成 4 等分，準備 8 小張備用。

6　把海苔放在壽司捲簾上，均勻地鋪上調味過的白飯，最後放上辣椒醬拌秀珍菇捲成壽司。

7　用沾上醋水的刀子將壽司切成易入口的大小。

COOKING TIP

秀珍菇炒得越久
越有嚼勁

要炒秀珍菇之前，建議用沾水的廚房紙巾擦拭，別直接用水沖洗秀珍菇，這樣才能炒出美味的秀珍菇料理。因為菇類的特性，會讓它像海綿一樣吸收大量的水分和油脂，所以要炒到水分完全收乾的狀態，才能呈現出和肉類一樣有嚼勁的口感。

青辣椒鑲豆瓣醬壽司

把豆瓣醬塞在口感清脆的青辣椒裡，做成壽司的內餡。這樣不僅在切開壽司時，可以看到漂亮的斷面，而且白飯不會沾到醬料，吃起來清爽又方便。也可以利用紫色的茄子或甜唐椒，做成與眾不同的壽司內餡。

■ 材料
白飯 2 碗（400g），壽司海苔 2 張，青辣椒 4 根，芝麻 1 杯

白飯的調味料：芝麻油 2 小匙，芝麻 1 小匙，鹽 1/2 小匙

豆瓣醬的調味料：碎豆腐、豆瓣醬各 1 又 1/2 大匙、寡糖、芝麻各 2/3 大匙，辣椒粉、蔥末各 1 又 1/2 小匙，芝麻油 1 小匙，蒜末 2/3 小匙

作法
1 將芝麻油、芝麻和鹽放入白飯中拌勻調味。
2 從青辣椒的側邊用刀子劃開，將辣椒籽去除。
3 把豆瓣醬的調味料全部放入碗裡攪拌之後，再放入擠花袋中。使用擠花袋將調味好的豆瓣醬塞入挖空的青辣椒裡。
4 在壽司捲簾放上保鮮膜和海苔，均勻地鋪上白飯之後，再把海苔朝上翻過來。
5 把塞好豆瓣醬的青辣椒放在步驟 4 的海苔上捲成壽司。
6 將保鮮膜取下之後，讓壽司外層沾滿芝麻，然後再用保鮮膜包起來，最後用沾上醋水的刀子將壽司切成易入口的大小。

海苔＋白飯＋
2種食材

火腿、醃蘿蔔、菠菜……手邊沒有壽司必備的食材該怎麼辦？
沒有關係，只要把連續幾天出現在餐桌上的魷魚絲、
涼拌豆芽菜或是醬牛肉等小菜，再加上一點蔬菜，
就可以做出不管何時品嚐都覺得美味的壽司。
另外魷魚醬和明太魚子醬也是很棒的壽司食材。

- 蘑菇帕馬森起司壽司
- 薄切五花肉豆芽菜壽司
- 明太子美乃滋壽司
- 小黃瓜鮪魚醋壽司
- 培根雞蛋沙拉壽司
- 醃紅蘿蔔炒肉末壽司
- 鮪魚炒辣椒醬壽司
- 醃鵪鶉蛋壽司
- 魷魚醬壽司
- 芝麻葉魷魚絲壽司

小黃瓜鮪魚醋壽司

蘑菇帕馬森起司壽司

明太子
美乃滋壽司

薄切五花肉
豆芽菜壽司

蘑菇帕馬森起司壽司

只要用蘑菇和帕馬森起司，就能做出另類壽司。當蘑菇遇上帕馬森起司，獨特風味讓人驚艷不已。先把蒜末放入平底鍋炒一下，再把蘑菇放進去一起炒，蒜香會讓蘑菇的美味升級。切好壽司之後，請在上頭灑上滿滿的帕馬森起司後再享用。

■ 材料
雜糧飯 2 碗（400g），壽司海苔 2 張，綜合菇類 1 包（200g），帕馬森起司 3 大匙，橄欖油 1/2 大匙，蒜末 1 小匙，鹽、胡椒粉各少許
雜糧飯的調味料： 芝麻油 2 小匙，芝麻 1 小匙，鹽 1/2 小匙

作法
1 將調味料放入雜糧飯中拌勻調味。
2 先把菇類撕成易入口的大小備用。在預熱的平底鍋中倒入橄欖油，再加入蒜末稍微炒一下。
3 把菇類放入步驟 2 的平底鍋中，再放鹽和胡椒粉調味後，炒到水分完全收乾為止，然後靜置等待冷卻。
4 把炒好的菇類放到碗裡，再把帕馬森起司放進去拌一拌。
5 先在壽司捲簾上鋪一層保鮮膜，再放上 1 張海苔，然後把雜糧飯均勻地鋪滿整張海苔。
6 把步驟 5 的海苔朝上翻過來，再把拌好帕馬森起司的菇類放上去捲成壽司。
7 把步驟 6 捲好的壽司再用保鮮膜包起來，用壽司捲簾再次將壽司定型，最後用沾上醋水的刀子將壽司切成易入口的大小。
8 把壽司上的保鮮膜取下，在上頭灑上絲狀的帕馬森起司即完成。

薄切五花肉
豆芽菜壽司

任誰都會喜歡的五花肉，如果把它拿來做成壽司呢？試著將薄切五花肉做成壽司吧！如果冰箱裡有厚一點的五花肉，烤一烤直接放到壽司裡也很不錯。五花肉加上韓國的涼拌豆芽菜，就成為一道美味的絕品壽司。

材料
白飯 1 碗（200g），壽司海苔 2 張，薄切五花肉 100g，豆芽菜 2 把（100g），包飯醬 1/2 大匙，鹽 1/2 小匙，水 5 杯
白飯的調味料：芝麻油 1 小匙，芝麻 1/2 小匙，鹽 1/4 小匙
涼拌豆芽菜的調味料：胡椒粉、芝麻各 1 小匙，魚露、糖、芝麻油各 1/2 小匙，鹽 1/3 小匙

作法

1　先將白飯調味；把豆芽菜、5 杯水和鹽 1/2 小匙放入鍋子裡煮沸，然後不蓋鍋蓋烹煮。

2　把煮好的豆芽菜用冷水沖洗一下，再放到濾網上瀝乾。

3　將海苔縱切成 2 等分，準備 4 小張備用。

4　把調味料放到煮好的豆芽菜中拌勻。並且將薄切五花肉烤好備用。

5　將海苔放在壽司捲簾上，均勻鋪上調味過的白飯，再抹一點韓國包飯醬，把烤好的薄切五花肉和豆芽菜放上去捲成壽司。

6　用沾上醋水的刀子將壽司切成易入口的大小。

COOKING TIP

豆芽菜煮得成功與否，取決於打開或闔上鍋蓋

煮豆芽菜時，一開始就要先決定好要把鍋蓋闔上煮，還是要在打開的狀況下，假如煮到一半才改變心意打開或蓋上鍋蓋，可能會讓豆芽菜散發出豆子的腥味。剩下的豆芽菜必須裝在黑色塑膠袋中保存，才不會讓豆芽菜的頭部變色。

明太子美乃滋壽司

咬下去會在嘴裡彈跳的明太子，拌上一點美乃滋和芥末醬，就成為和壽司十分對味的內餡食材。搭配香蔥一起享用，不但可去除明太子的腥味，還可以讓美味加分，如果沒有香蔥，也可以用小黃瓜或韭菜來取代。

材料

綠茶飯 1 碗（200g），壽司海苔 2 張，明太子 1 條，香蔥 3 支

綠茶飯的調味料： 芝麻油 1 小匙，芝麻 1/2 小匙，鹽 1/4 小匙

明太子的調味料： 美乃滋 2 大匙，芥末醬 1/4 小匙

作法

1 將芝麻油、芝麻和鹽放入綠茶飯中拌勻調味。

2 將明太子的外皮去除，把美乃滋和芥末醬加進去一起攪拌。

3 把香蔥切成 5cm 長度備用。

4 將海苔縱切成 3 等分，準備 6 小張備用。

5 將海苔放在壽司捲簾上，均勻地鋪上調味過的綠茶飯，再把香蔥和調味過的明太子放上去捲成壽司。

6 用沾上醋水的刀子將壽司切成易入口的大小。

COOKING TIP

**請將明太子的外皮
去除後再使用**

明太子的外皮要仔細地去除乾淨，做出來的料理才會有清爽的口感。在處理明太子的時候，若是發現有魚腥味，可以加 1/2 小匙的清酒去味。明太子整條烤過放到壽司裡當作內餡，也同樣可以做出美味的明太子壽司。

小黃瓜鮪魚醋壽司

想要來一道別具新意的外捲壽司時，請試著挑戰一下這道小黃瓜鮪魚醋壽司。只要準備一個鮪魚罐頭和小黃瓜，任誰都可以輕鬆地完成這道料理。鮮脆的小黃瓜，不管是味道還是香氣都充滿著清新的氣息。把小黃瓜切成薄片狀，捲在壽司外圍，漂亮的外捲壽司就完成了。

■ 材料
白飯 2 碗（400g），壽司海苔 2 張，鮪魚罐頭 1 個（100g），小黃瓜 1 條

<u>配方醋的調味料</u>：醋 1 大匙，糖 2/3 大匙，鹽 1/3 大匙

<u>鮪魚的調味料</u>：美乃滋 3 大匙，胡椒粉少許

作法

1 在鍋子裡放入配方醋的調味料，煮到糖和鹽溶化的時候，將熱熱的白飯放進去，把飯勺用切開的方式攪拌均勻。

2 把鮪魚倒在濾網上，盡可能去除油脂，再和鮪魚的調味料一起拌勻。

3 用削皮器將小黃瓜切成薄片。

4 先在壽司捲簾上鋪一層保鮮膜，再放上 1 張海苔，然後把步驟1的醋飯均勻地鋪滿整張海苔，再把海苔朝上翻過來。

5 把調味好的鮪魚放在步驟 4 的海苔上面捲成壽司。

6 將保鮮膜取下之後，將小黃瓜薄片捲在壽司外層，然後再次用保鮮膜包起來，用壽司捲簾捲起來定型，最後用沾上醋水的刀子將壽司切成易入口的大小。

培根雞蛋沙拉壽司

雞蛋美乃滋沙拉是常常運用在三明治內餡中的食材，現在試試用白飯來取代麵包，看看滋味如何？把水煮蛋、美乃滋與稍微烤過的培根組合在一起，就成了一道連孩子也會喜歡的壽司料理。

■ 材料
白飯 1 碗（200g），壽司海苔 2 張，培根 2 片，雞蛋 3 顆
白飯的調味料：咖哩粉 1 又 1/2 小匙，芝麻油 1 小匙，芝麻 1/2 小匙，鹽 1/5 小匙
雞蛋沙拉的調味料：美乃滋 3 大匙，胡椒粉少許
水煮蛋的調味料：水 1 杯，醋 1/2 小匙，鹽少許

作法
1 將咖哩粉、芝麻油、芝麻和鹽放入白飯中拌勻調味。
2 把雞蛋和水煮蛋的調味料放入鍋中，並倒入蓋過雞蛋的水量煮沸。雞蛋煮好之後請剝除外殼。
3 把水煮蛋壓碎之後，把雞蛋沙拉的調味料放進去攪拌；把培根稍微烤一下。
4 將海苔放在壽司捲簾上，均勻地鋪上調味過的白飯，最後把烤過的培根和雞蛋沙拉放上去捲成壽司。
5 用沾上醋水的刀子將壽司切成易入口的大小。

COOKING TIP

**雞蛋請先放在
室溫之下，煮的時候
請加一點醋**

煮雞蛋時，請加一點醋到水裡，醋可以當作蛋白質的凝固劑，所以加醋一起煮可以防止雞蛋破裂。而雞蛋從冰箱拿出來時，請先放在室溫下退冰，煮的時候才不會因為溫度差異造成雞蛋破裂。

醃紅蘿蔔
炒肉末壽司

能讓料理增色的最佳食材就是紅蘿蔔，用它做為壽司的主角。用削皮刀
將紅蘿蔔削得薄薄的，用醃漬醬料拌一拌，和切碎的豬肉末一起炒，就
是一道既營養又美味的料理。

■■ 材料
■■ 白飯 1 碗（200g），壽司海苔 2 張，豬肉末 100g，紅蘿蔔
1/3 條（50g）

白飯的調味料：芝麻油 1 小匙，芝麻 1/2 小匙，鹽 1/4 小匙

醃紅蘿蔔的調味料：醋 2/3 大匙，寡糖 1/2 大匙，青梅汁、芝麻各
1 小匙，鹽 1/3 小匙

豬肉末的調味料：洋蔥末 1 大匙，蒜末、糖各 1 小匙，醬油 1/2 小
匙，鹽 1/4 小匙

作法

1 先調味好白飯；豬肉末也用調味料醃一下；另外用削皮器將紅
  蘿蔔削成薄片。

2 在削成薄片的紅蘿蔔裡放入醃漬調味料拌勻。

3 把醃好的豬肉末放到平底鍋裡炒過。

4 把海苔劃十字切成 4 等分，準備 8 小張備用。

5 將海苔放在壽司捲簾上，均勻地鋪上調味過的白飯，最後把炒
  好的豬肉末和醃紅蘿蔔放上去捲成壽司。

6 用沾上醋水的刀子將壽司切成易入口的大小。

COOKING
TIP

**要醃漬的紅蘿蔔
必須要削成薄片**

要醃漬的紅蘿蔔，請用削
皮器將它削成薄片，厚度
越薄，調味時就越容易
入味。只要善加利用削皮
器，就可以簡單地完成搭
配冷麵的醃蘿蔔。

鮪魚炒辣椒醬壽司

請試看看用鮪魚加上炒辣椒醬，做一份簡單的壽司。雖然看似容易，不過這道壽司的醬料可是很花功夫的，可以在辣椒醬裡加入寡糖或蜂蜜、打碎的綜合堅果和些許芝麻油攪拌一下，用來取代炒辣椒醬。

 材料
白飯 1 碗（200g），壽司海苔 2 張，鮪魚罐頭 1 個（100g），芝麻葉 4 片，炒辣椒醬 4 大匙
白飯的調味料：芝麻油 1 小匙，芝麻 1/2 小匙，鹽 1/4 小匙
炒辣椒醬的調味料（10 大匙的份量）：辣椒醬 4 大匙，牛肉末 3 大匙（50g），洋蔥末 2 大匙，寡糖 1 又 1/2 大匙，芝麻油、糖各 1/2 大匙，泡過昆布的水或者一般的水 1/2 杯
牛肉末的調味料：蔥末 1 小匙，蒜末、糖、料理專用酒各 1/2 小匙，胡椒粉少許

作法

1 先調味好白飯；將海苔縱切成 2 等分，準備 4 小張備用。

2 把鮪魚倒在濾網上除油；芝麻葉洗淨後，將葉片上的水分擦乾。

3 把牛肉末放到廚房紙巾上，將血水去除之後再調味。

4 在平底鍋倒入橄欖油，先把洋蔥末炒過，再把剩下的調味料一起放下去炒，炒辣椒醬即完成。

5 將做好的炒辣椒醬放入擠花袋中備用。

6 將海苔放在壽司捲簾上，均勻地鋪上調味過的白飯，接著把芝麻葉、炒辣椒醬和鮪魚放上去捲成壽司，最後用沾上醋水的刀子將壽司切成易入口的大小。

COOKING TIP

請把醬料放到擠花袋中再使用

只要完成一份炒辣椒醬就可以放著慢慢用，之後做其他料理時，取用就很方便。將 1/2 杯的炒辣椒醬放到擠花袋或夾鏈袋裡保存，當您要打包便當或是要去野餐的時候，就可以輕鬆地攜帶出門。

醃鵪鶉蛋壽司

把餐桌上常出現的醃鵪鶉蛋包進壽司裡，切開時會有圓圓的蛋剖面，十分可愛。把酸黃瓜和辣椒粉、蒜末和芝麻油一起拌一拌，讓壽司的滋味更加分。

材料

白飯 1 碗（200g），壽司海苔 2 張，鵪鶉蛋 20 顆，酸黃瓜 1/2 條，洋蔥 1/4 顆，大蒜 4 瓣，大蔥 10cm，2 張 5cm x 5cm 的昆布，鹽、醋各 1 小匙

<u>白飯的調味料</u>：芝麻油 1 小匙，芝麻 1/2 小匙，鹽 1/4 小匙

<u>醃鵪鶉蛋的調味料</u>：醬油 3 大匙，糖 2 大匙，料理專用酒 1 大匙，水 1 又 1/2 杯

作法

1 先將白飯調味；把鵪鶉蛋、鹽和醋一起放入鍋裡烹煮，煮好後將外殼剝除。

2 把酸黃瓜切成 0.2cm 的厚度，用刀背將大蒜拍碎備用；大蔥則是切成 2cm 的長度。

3 把醃鵪鶉蛋的調味料、大蔥、大蒜和昆布放入鍋中煮沸。

4 湯汁煮沸之後，請將昆布撈起，再把鵪鶉蛋放進鍋裡，熬煮到鵪鶉蛋變色為止。

5 將海苔橫切成 2 等分，準備 4 小張備用。

6 將海苔放在壽司捲簾上，均勻地鋪上調味過的白飯，接著把酸黃瓜和醃鵪鶉蛋放上去捲成壽司，最後用沾上醋水的刀子將壽司切成易入口的大小。

COOKING TIP

請在昆布散發出苦味之前撈起來

熬高湯時，昆布若是煮得太久會散發出一股苦味，如此一來反而會影響到料理的味道，所以一旦湯汁煮沸，請立刻將昆布撈起來。若是希望醬汁的顏色看起來更深的話，可以用紅糖或褐色的糖稀來取代白糖。

芝麻葉魷魚絲壽司

魷魚醬壽司

魷魚醬壽司

魷魚醬加一點青陽辣椒、蔥花和芝麻油，就是
一道美味的小菜了。在海苔上鋪上白飯，再把
調味過的魷魚醬和小黃瓜絲放上去做成壽司，
鮮脆又清爽的壽司即大功告成。在炎炎夏日或
是沒有食慾的日子裡，只要有魷魚醬壽司就可
以輕鬆解決一餐。另外用紅蘿蔔或青蔥來取代
小黃瓜也很不錯。

材料
白飯 1 碗（200g），壽司海苔 2 張，小黃瓜
1/3 條，魷魚醬 3 大匙

白飯的調味料： 芝麻油 1 小匙，芝麻 1/2 小匙，鹽
1/4 小匙

魷魚醬的調味料： 青陽辣椒末 1/2 大匙，芝麻油 1
小匙，蔥末、芝麻各 1/2 小匙

作法
1 將芝麻油、芝麻和鹽放入白飯中拌勻調味。
2 把小黃瓜切成 0.5cm 的絲狀，將魷魚醬稍微切
碎即可。
3 把魷魚醬放入碗中，加入調味料一起拌勻。
4 將海苔縱切成 3 等分，準備 6 小張備用。
5 將海苔放在壽司捲簾上，均勻地鋪上白飯，再把
調味過的魷魚醬和小黃瓜絲放上去捲成壽司。
6 用沾上醋水的刀子將壽司切成易入口的大小。

芝麻葉魷魚絲壽司

若家裡有吃剩的魷魚絲，可以將魷魚絲切一切，再拌上一點芝麻油。或者在海苔上鋪上白飯和芝麻葉，然後再加一點魷魚絲，就成了一道芝麻葉魷魚絲壽司。芝麻葉在口腔內散發出的香氣，和魷魚絲的味道十分搭配。

材料
白飯 1 碗（200g），壽司海苔 2 張，芝麻葉 4 片，魷魚絲 1 又 1/4 杯（50g），橄欖油 1/2 大匙
白飯的調味料：芝麻油 1 小匙，芝麻 1/2 小匙，鹽 1/4 小匙
炒魷魚絲的調味料：辣椒醬、寡糖各 1 大匙，胡椒粉、醬油、芝麻油各 1 小匙，蒜末 1/2 小匙，芝麻少許

作法

1 先將白飯調味；芝麻葉洗乾淨備用。將魷魚絲切成適當大小，放到熱水裡浸泡 5 分鐘左右，再放到濾網上將水分瀝乾。

2 在平底鍋倒些橄欖油，把除了芝麻油和芝麻以外的炒魷魚絲調味料下鍋拌炒。

3 當平底鍋的周圍開始產生一顆一顆的氣泡時，先轉小火稍微煮一下，將火關掉之後再把魷魚絲、芝麻油和芝麻放入鍋中拌勻。

4 將海苔縱切成 2 等分，準備 4 小張備用。

5 將海苔放在壽司捲簾上，均勻地鋪上調味過的白飯，接著把芝麻葉和炒魷魚絲放上去捲成壽司。

6 用沾上醋水的刀子將壽司切成易入口的大小。

COOKING TIP

魷魚絲先浸泡在熱水中，可以去除腥味

把魷魚絲浸泡在熱水中，不僅能讓口感變得更軟，而且還可以去除魷魚絲特有的腥味。若是能先用蒸籠蒸個 5 分鐘再使用，會讓魷魚絲的口感變得加倍柔軟。如果魷魚絲的腥味還是很重，調味時加一些清酒和蒜末可以幫助去除味道。

1～2 種食材的壽司
**依照壽司大小
分別盛裝**

即使是用相同食材做出來的壽司，也會因為海苔大小和飯量
多寡，讓壽司的大小有著明顯的差異。請依照壽司的大小分
別盛裝，細卷壽司請直接整條盛裝，尾端部分朝上擺放；而
一般的壽司則是切開之後，呈現出斷面的樣子會更好看。

071

一 口 壽 司 PART 4

海苔＋白飯＋3種食材

現在來試試傳統的壽司如何？
雖然只放了3種食材，不過成品的視覺效果令人驚豔。
即使作法簡單，卻也可以表現出不錯的手藝，
相信這些菜單可以提供您一些好點子。

- 辣椒鯷魚壽司捲
- 照燒醬雞肉壽司
- 起司辣味燒雞壽司
- 燻鴨醃蘿蔔捲壽司
- 豆腐泥壽司
- 培根大蒜壽司
- 莫札瑞拉起司香腸壽司
- 辣炒豬肉捲壽司
- 火腿肉蛋捲壽司
- 酥炸魷魚壽司

起司辣味燒雞壽司

燻鴨醃蘿蔔捲壽司

辣椒鰻魚壽司捲

辣椒鰩魚壽司捲

炒鰩魚是一道用途相當廣泛的小菜,放到飯糰或壽司裡都很不錯。如果想要做出酥脆的炒鰩魚,請先用平底鍋將鰩魚乾炒到沒有水分為止,醬料另外煮好之後再加進去一起炒。在炒鰩魚裡加一點青陽辣椒末再做成壽司,一道香酥勁辣的壽司就完成了。

■ 材料
白飯 2 碗(400g),壽司海苔 2 張,鰩魚乾 1 杯(40g),綜合堅果 2/3 杯,青陽辣椒 2 根
白飯的調味料:芝麻油 2 小匙,芝麻 1 小匙,鹽 1/2 小匙

炒鰩魚的調味料:橄欖油 1 大匙,糖 2/3 匙,醬油 1 又 1/2 小匙,料理專用酒、芝麻油各 1 小匙

作法
1 先調味好白飯;把鰩魚乾放到乾燥的平底鍋裡炒過,再放到濾網上去除雜質。青陽辣椒切成細末備用。

2 將綜合堅果放到平底鍋裡,炒到散發出堅果香為止,將 1/3 杯粗略地切碎,另外 1/3 杯則仔細地切碎備用。

3 把炒鰩魚的調味料放入平底鍋裡,用中火煮到醬汁呈現光澤的模樣,再把炒過的香酥鰩魚放進去拌炒,接著放入 1/3 杯粗略切碎的堅果一起拌勻。

4 在壽司捲簾鋪上保鮮膜和 1 張海苔,把白飯均勻地鋪滿整張海苔,再把海苔朝上翻過來。

5 把炒鰩魚和青陽辣椒末放到步驟 4 的海苔上捲成壽司。

6 拿掉保鮮膜後,把 1/3 杯細切的堅果灑在壽司外層,然後用保鮮膜包起來固定,再次用捲簾將壽司捲起來定型。

7 接著用沾上醋水的刀子將包著保鮮膜的壽司切成易入口的大小。

照燒醬雞肉壽司

先放入照燒醬汁的調味料,再把煎過的雞肉放進去一起熬煮,就可以做出鹹中帶甜的照燒醬雞肉。把熬煮過的雞胸肉切塊鋪在白飯上,再淋上照燒醬汁,也可以是美味可口的照燒醬雞肉蓋飯。

 材料

白飯 1 碗(200g),壽司海苔 2 張,雞胸肉 1 片(100g),紅椒、小黃瓜各 1/2 條

白飯的調味料:芝麻油 1 小匙,芝麻 1/2 小匙,鹽 1/4 小匙

雞胸肉的調味料:料理專用酒 1 小匙,蒜末 1/2 小匙,胡椒粉少許

照燒醬的調味料:洋蔥 1/4 顆,大蒜 3 瓣,大蔥 10cm,1 張 5cm x 5cm 的昆布,醬油、糖分別 1 又 1/2 大匙,料理專用酒 1 大匙,水 1 杯

作法

1 將白飯和雞胸肉各自調味;紅椒和小黃瓜切絲備用。

2 洋蔥切絲,大蒜用刀背拍碎,大蔥切成 2cm 的長度。

3 把調味過的雞胸肉放入預熱的平底鍋裡煎一下,再把照燒醬倒進去,煮到只剩一大匙湯汁左右的程度即可。

4 將海苔橫切成 2 等分,準備 4 小張備用。

5 將海苔放在壽司捲簾上,均勻地鋪上調味過的白飯,接著把紅椒絲、小黃瓜絲和照燒醬雞肉放上去捲成壽司。

6 用沾上醋水的刀子將壽司切成易入口的大小。

COOKING TIP

**雞胸肉要先煎過
再和醬汁一起熬煮**

若是想要讓雞胸肉吸收更多照燒醬汁,必須要先將雞胸肉先煎過,再放到醬汁裡熬煮。最後再轉大火煮一下,就可以做出帶有光澤感的照燒醬雞肉。如果想要辣味更明顯,可以再加一點青陽辣椒或越南乾辣椒。

起司辣味燒雞壽司

辣味燒雞是近來的人氣料理；把辣味燒雞放到壽司裡，其實也很對味。覺得倍受壓力的日子，請試著挑戰一下辣到讓嘴巴發麻的起司辣味燒雞壽司，而內餡的起司也具備平衡辣味的效果呢！

材料

白飯 1 碗（200g），壽司海苔 2 張，雞里肌肉 100g，豆芽菜 10g，切達起司 2 片，橄欖油 1 大匙

白飯的調味料：芝麻油 1 小匙，芝麻 1/2 小匙，鹽 1/4 小匙

辣味燒雞的調味料：青陽辣椒粉、洋蔥末 1 大匙，辣椒醬、料理專用酒 2/3 大匙，蒜末、青陽辣椒末、糖各 1/2 大匙，醬油 1 小匙

作法

1 將芝麻油、芝麻和鹽放入白飯中拌勻調味。

2 把辣味燒雞的調味料全部一起拌勻，再把雞里肌肉放進去醃；豆芽菜洗乾淨後放到濾網上瀝乾。

3 在平底鍋裡倒入橄欖油加熱後，把雞里肌肉放下去煎熟。

4 將海苔縱切成 2 等分，準備 4 小張備用。

5 將海苔放在壽司捲簾上，均勻地鋪上調味過的白飯，接著把切達起司、豆芽菜和辣味燒雞放上去捲成壽司。

6 用沾上醋水的刀子將壽司切成易入口的大小。

COOKING TIP

雞里肌肉先用糖醃過，肉質會變得更加柔軟

用辣味燒雞的調味料醃製雞里肌肉的時候，先放糖醃一下，可以讓雞肉的肉質變得更加柔軟。之後再把其他的調味料放下去，就能醃得更入味。用雞腿的瘦肉或雞胸肉取代雞里肌肉也很不錯。

燻鴨醃蘿蔔捲壽司

如果冰箱還有煙燻鴨肉，可以好好想一下怎麼做成壽司內餡；試試把醃蘿蔔片、芥末醬一起放到壽司裡，如果再搭韭菜或炒泡菜，就能更提升燻鴨醃蘿蔔捲壽司的口感。

材料
白飯 1 碗（200g），壽司海苔 2 張，煙燻鴨肉 100g，洋蔥 1/2 顆，醃蘿蔔片 4 片，芥末醬 3 大匙

白飯的調味料： 芝麻油 1 小匙，芝麻 1/2 小匙，鹽 1/4 小匙

作法
1 將芝麻油、芝麻和鹽放入白飯中拌勻調味。
2 將海苔縱切成 2 等分，準備 4 小張備用。
3 將洋蔥切成薄薄的絲狀，先浸泡在冷水裡，再撈到濾網上瀝乾。
4 在放入壽司之前先把煙燻鴨肉煎一下，味道會更香。
5 將海苔放在壽司捲簾上，均勻地鋪上調味過的白飯，接著依序把芥末醬、醃蘿蔔片、洋蔥絲和煙燻鴨肉放上去，最後再加一點芥末醬捲成壽司。

豆腐泥壽司

把壓碎的豆腐泥加點調味料炒一下，就成了一道滋味豐富的壽司內餡。炒得越久，豆腐的水分就會越少，吃起來的口感也會更好。在豆腐泥的調味料裡多加一小匙胡椒粉，微辣的滋味會讓人欲罷不能。

■ **材料**
白飯 1 碗（200g），壽司海苔 2 張，豆腐 1/2 塊，紅蘿蔔 1/4 片，菠菜 6 根，橄欖油、鹽各少許
白飯的調味料：芝麻油 1 小匙，芝麻 1/2 小匙，鹽 1/4 小匙
豆腐泥的調味料：醬油 1 又 1/3 大匙，糖 1/2 大匙，芝麻油 1 小匙
涼拌菠菜的調味料：芝麻油、鹽各少許

作法

1 先調味好白飯；紅蘿蔔切絲備用；菠菜先用滾水汆燙好，再放到濾網上面瀝乾。

2 在平底鍋裡倒入橄欖油加熱後，放入紅蘿蔔絲加點鹽炒一炒。菠菜則另外用調味料攪拌均勻。

3 擦乾豆腐外層的水氣之後，放到乾燥的平底鍋裡，炒至水分完全收乾為止，最後再把豆腐泥的調味料全部放下去一起炒。

4 在壽司捲簾放 1 張海苔，均勻地鋪上調味過的白飯，接著把炒好的紅蘿蔔絲、調味好的涼拌菠菜和豆腐泥依序放上去捲成壽司。

5 用沾上醋水的刀子將壽司切成易入口的大小。

COOKING TIP

豆腐要炒到水分完全收乾為止

豆腐必須炒到水分完全收乾，才可以和調味料均勻地混合在一起。若是用冷凍過再退冰的豆腐，那麼吃起來的口感會和油豆腐很相似。若一次買太多豆腐，可以先把豆腐冷凍起來，以便之後備料可隨時取用。

培根大蒜壽司

請用培根搭配煎過的蒜頭和陳年泡菜的組合，做成壽司看看，即便在繁忙的早晨也能快速完成這道料理。陳年泡菜的清爽口感，令油膩感瞬間消失無蹤，會讓人忍不住回味再三。

■ 材料
白飯 1 碗（200g），壽司海苔 2 張，培根 4 片，陳年泡菜 2 片，大蒜 6 瓣，橄欖油 1 大匙

 白飯的調味料：芝麻油 1 小匙，芝麻 1/2 小匙，鹽 1/4 小匙

作法
1　將芝麻油、芝麻和鹽放入白飯中拌勻調味。
2　先將大蒜切成 0.3cm 的薄片，在平底鍋裡倒入橄欖油加熱後，把蒜片煎至金褐色。
3　把培根放入步驟 2 的平底鍋中煎好備用。陳年泡菜用水洗乾淨之後，切成易入口的大小。
4　將海苔縱切成 2 等分，準備 4 小張備用。
5　將海苔放在壽司捲簾上，均勻地鋪上調味過的白飯，接著把煎好的培根、陳年泡菜和煎蒜片放上去捲成壽司。
6　用沾上醋水的刀子將壽司切成易入口的大小。

COOKING TIP

**大蒜要煎到
呈現金褐色光澤為止**

大蒜要煎到表面呈現金褐色為止，如此一來大蒜的辣味才會消失不見。若是將大蒜切片有困難的話，也可以用刀背將大蒜拍碎再煎。另外把洋蔥或者大蔥煎至金褐色，取代大蒜也是個不錯的選擇。

莫札瑞拉起司香腸壽司

辣炒豬肉捲壽司

082

酥炸魷魚壽司

莫札瑞拉起司香腸壽司

把大塊的香腸和莫札瑞拉起司放進壽司裡，
然後在外面捲上一層蛋皮。一起享用包覆壽
司的蛋皮和融化在飯裡的莫札瑞拉起司，光
是想像都覺得很美味，是一道全家人都會喜
歡的菜色。

■ 材料
白飯 1 碗（200g），壽司海苔 2 張，香腸、
雞蛋各 3 個，莫札瑞拉起司 1 杯，橄欖油少許
白飯的調味料：芝麻油 1 小匙，芝麻 1/2 小匙，
鹽 1/4 小匙
蛋皮的調味料：料理專用酒 1 小匙，鹽 1/5 小匙

作法
1　將芝麻油、芝麻和鹽放入白飯中拌勻調味。
2　先在香腸表面劃幾刀，然後放到預熱的平底鍋
　　裡煎熟。
3　在壽司捲簾上放上 1 張海苔，均勻地鋪上調味
　　過的白飯，接著把莫札瑞拉起司和煎好的香腸
　　放上去捲成壽司。
4　把蛋液倒入濾網過篩，去除繫帶，再放入調味
　　料，請注意攪拌時盡量不要產生泡沫。
5　用小火先將平底鍋加熱，讓橄欖油均勻地流過
　　鍋底，再用廚房紙巾擦一下。將蛋液慢慢地倒
　　入平底鍋中，當蛋皮開始煎熟的時候，請用牙
　　籤沿著蛋皮的邊緣撕起來。
6　把壽司放到步驟 5 完成的蛋皮上慢慢地捲起，
　　最後再用沾上醋水的刀子將壽司切成易入口的
　　大小。

辣炒
豬肉捲壽司

其實辣炒豬肉直接吃就很美味了，不過若想要當作郊遊的一道菜色，在攜帶上還是覺得有點麻煩，這個時候請試著將辣炒豬肉、生菜和芹菜一起做成壽司。如果想要更辣一點，可以再加一些醃辣椒。

 材料

白飯 1 碗（200g），壽司海苔 2 張，豬後腿肉 150g，生菜 4 片，芹菜 1/5 根，橄欖油少許

白飯的調味料：芝麻油 1 小匙，芝麻 1/2 小匙，鹽 1/4 小匙

辣炒豬肉的調味料：青陽辣椒末 1 又 1/2 大匙，蔥末、辣椒醬各 1 大匙，寡糖 2/3 大匙，蒜末、辣椒粉、料理專用酒各 1/2 大匙，醬油、糖各 1 小匙

作法

1 將芝麻油、芝麻和鹽放入白飯中拌勻調味；生菜和芹菜仔細地洗乾淨，再把芹菜切成 5cm 的長度。

2 把豬肉切成 5cm 的大小，然後用辣炒豬肉的調味料拌勻之後稍微醃一下。

3 在預熱的平底鍋裡放入少許的橄欖油，再把醃好的豬肉放下去炒。

4 將海苔橫切成 2 等分，準備 4 小張備用。

5 將海苔放在壽司捲簾上，均勻地鋪上調味過的白飯，接著把生菜、芹菜和辣炒豬肉依序放上去捲成壽司。

6 用沾上醋水的刀子將壽司切成易入口的大小。

COOKING TIP

辣炒豬肉要
事先用醬料醃一下

若想要做出美味的辣炒豬肉，那麼豬肉就要事先用醬料稍微醃一下。煎的時候先在預熱的平底鍋裡放入橄欖油，然後把切片的大蒜放下去炒，接著再放豬肉一起炒，如此一來辣炒豬肉就會有大蒜的香氣，也會更好吃。

火腿肉蛋捲壽司

這是一道不分老幼都會喜歡的壽司。先將火腿肉放入滾水汆燙，不但可以去除油脂，還可減低鹹度，這樣做出來的壽司才會清爽美味。如果沒有時間製作煎得厚厚的蛋捲，也可以用一般的炒蛋來取代。

材料

白飯 1 碗（200g），壽司海苔 2 張，火腿肉 200g，雞蛋 2 顆，醃蘿蔔 50g，橄欖油少許

白飯的調味料：芝麻 1 大匙，芝麻油 1 小匙，鹽 1/4 小匙

蛋捲的調味料：料理專用酒 1 小匙，鹽 1/6 小匙

作法

1. 先將白飯調味；將海苔橫切成 2 等分，準備 4 小張備用。

2. 把蛋液倒入濾網過篩，去除繫帶，再放入調味料，請注意攪拌時盡量不要產生泡沫。

3. 用小火先將平底鍋加熱，讓橄欖油均勻地流過鍋底，再用廚房紙巾擦一下，接著將蛋液倒入平底鍋中，用小火慢慢煎。

4. 當步驟 3 的蛋液邊緣開始變熟的時候，用牙籤往上撕起來，趁蛋液表面完全煎熟之前將其往上折。再次倒入蛋液重覆這個動作，就可以做出有厚度的煎蛋捲。

5. 把火腿肉切成 0.5cm 的厚度，然後放入平底鍋裡煎一下。醃蘿蔔則是切成薄薄的絲狀。

6. 將海苔放在壽司捲簾上，均勻地鋪上調味過的白飯，再把醃蘿蔔絲、厚厚的蛋捲和烤過的火腿肉依序放上去捲成壽司。

COOKING TIP

**蛋液裡若是
加一點太白粉水，
做出來的蛋捲會更結實**

若蛋捲容易破掉，可以在蛋液裡加些太白粉水，因為太白粉的成分有助於提高蛋捲的黏性。當蛋捲的邊緣煎至稍微變色的時候，可以用牙籤輕輕地將蛋捲撕起來，如此一來就輕鬆地完成煎蛋捲。

酥炸魷魚壽司

招待客人的時候，若想要端出特別一點的菜色，就可試試這道酥炸魷魚壽司。
鳳梨搭配酥炸魷魚十分協調，若是改成炸蝦或炸豬排等炸物也會很美味。

 ▶  ▶  ▶

 ▶

■■ 材料
白飯 1 碗（200g），壽司海苔 2 張，魷魚 1/2 隻，洋萵苣 3 片，罐頭鳳梨 2 片，麵粉 2 大
匙，芥花籽油 2 杯（油炸用）
白飯的調味料：芝麻油 1 小匙，芝麻 1/2 小匙，鹽 1/4 小匙
芥末美乃滋醬的調味料：美乃滋 2 大匙，蜂蜜 1/2 小匙，芥末 1/4 小匙
魷魚的調味料：蒜末、料理專用酒各 1/2 小匙，鹽、胡椒粉各少許
酥炸魷魚的麵糊：油炸麵粉 1/2 杯，水 1/3 杯

作法
1 先將白飯調味；調製芥末美乃滋醬；將洋萵苣洗乾淨；鳳梨片對切備用。
2 將處理好的魷魚洗淨，切成 2cm 的大小，用調味料拌勻稍微醃一下，再把酥炸魷魚的麵糊
　攪拌均勻。
3 將調味好的魷魚裹上油炸用的麵糊，放入 170℃的芥花籽油中炸至表面呈現金黃色。
4 將海苔縱切成 2 等分，準備 4 小張備用。
5 將海苔放在壽司捲簾上，均勻地鋪上調味過的白飯，接著把芥末美乃滋醬、洋萵苣、酥炸魷
　魚放上去，最後再抹一點芥末美乃滋醬捲成壽司。

一 口 壽 司 PART 5

海苔＋白飯＋4種食材

內餡從牛胸肉、烤豬頸肉、烤牛肉等食材，
到飛魚卵、鮭魚、鮪魚、蝦子等海鮮……
這些壽司不但外觀紮實飽滿，而且營養價值豐富，
本章即將提供這些不管放在什麼場合都毫不遜色的絕品壽司菜單。

- 飛魚卵外捲壽司捲
- 鮭魚洋蔥壽司捲
- 紫蘇油炒蔥泡菜壽司
- 牛胸肉營養韭菜壽司
- 炸蝦洋蒿苣壽司
- 烤甜醬豬頸肉壽司
- 香腸鳳梨壽司
- 鮪魚醋醬壽司
- 烤牛肉捲起司壽司
- 青椒什錦蔬菜壽司

牛胸肉營養韭菜壽司

鮭魚洋蔥壽司捲

飛魚卵外捲壽司捲

飛魚卵外捲壽司捲

飛魚卵咬下去之後，會在嘴裡彈跳，是一道口感十足的壽司捲。如果覺得飛魚卵還留有魚腥味，可先浸泡在清酒和醋裡再用。若想呈現華麗的視覺感，您可以選擇有顏色的飛魚卵。

炸蝦洋萵苣壽司

■ 材料

白飯 2 碗（400g），壽司海苔 2 張，飛魚卵 2杯，小黃瓜 1/2 條，蟹肉棒 6 條、雞蛋 4 顆，美乃滋3 大匙，橄欖油 1/2 大匙

配方醋的調味料：醋 1 大匙，糖 2/3 大匙，鹽 1/3 大匙

蛋捲的調味料：料理專用酒 1 小匙，鹽 1/3 小匙

飛魚卵的調味料：清酒 1 大匙，醋 1 小匙

作法

1 把配方醋的調味料放入鍋中，稍微煮到糖和鹽溶化的程度；趁白飯還熱騰騰的時候，放進配方醋，拿飯勺用切開的方式拌勻。

2 飛魚卵先用水洗一次，然後用調味料醃個 10 分鐘左右，最後再放到濾網上瀝乾。

3 小黃瓜切絲；蟹肉棒依照紋理撕開，加入美乃滋攪拌；雞蛋打成蛋液後，放入調味料。

4 用小火熱一下平底鍋，倒入橄欖油，讓油均勻地流過鍋底後用廚房紙巾擦拭，再倒入調味好的蛋液。

5 當步驟 4 的蛋液邊緣開始變熟時，用牙籤往上撕起來，趁蛋液表面完全煎熟前將其往上折。再次倒入蛋液重覆這個動作，就可以做出有厚度的煎蛋捲。

6 先在壽司捲簾上鋪一層保鮮膜，再放上 1 張海苔，然後把醋飯均勻地鋪滿整張海苔，再把海苔朝上翻過來。

7 把小黃瓜絲、蛋捲和拌過美乃滋的蟹肉棒依序放在步驟 6 的海苔上捲成壽司。

8 取下保鮮膜後，用飛魚卵沾滿壽司外層，然後再用保鮮膜包起來，用壽司捲簾再次將壽司定型，最後用沾上醋水的刀子將壽司切成易入口的大小。

鮭魚洋蔥壽司捲

在 Buffet，時常可以見到鮭魚洋蔥壽司捲這道料理，現在您也可以在家裡試著挑戰一下。只要手邊有在超市可購得的燻鮭魚，就可以輕鬆完成這道菜色。若是想要消除鮭魚的魚腥味，可以在醬汁中加一點芥末。

 材料

白飯 2 碗（400g），壽司海苔 2 張，燻鮭魚 1 包（10 片），蟹肉棒 6 條，紅蘿蔔、小黃瓜、洋蔥各 1/3 個，蘿蔔嬰少許，美乃滋 2 大匙

配方醋的調味料：醋 1 大匙，糖 2/3 大匙，鹽 1/3 大匙

鮭魚的調味料：美乃滋 3 大匙，酸黃瓜末、奶油起司各 1 大匙，寡糖、檸檬汁各 1 小匙

作法

1 把配方醋的調味料放入鍋中，煮到糖和鹽溶化的程度；趁白飯還熱著的時候，將配方醋放進去，用飯勺以切開的方式拌勻。

2 紅蘿蔔、小黃瓜和洋蔥切成 0.2cm 的絲狀；蟹肉棒依照紋理撕開後，加入美乃滋攪拌。

3 先在壽司捲簾上鋪一層保鮮膜，再放上 1 張海苔，然後按步驟 1 的醋飯均勻地鋪滿整張海苔，再把海苔朝上翻過來。

4 把拌過美乃滋的蟹肉棒、小黃瓜絲和紅蘿蔔絲放在步驟 3 的海苔上捲成壽司；將鮭魚的調味料拌勻做成醬料。

5 取下保鮮膜之後，把燻鮭魚包覆在壽司外層，然後再用保鮮膜包起來，用捲簾再次將壽司定型。

6 將保鮮膜取下之後，在壽司外層的燻鮭魚上擺放醬料、洋蔥絲和蘿蔔嬰。

COOKING TIP

配方醋要用
中火稍微煮一下

配方醋不建議用大火煮沸，選擇用中火會更適合，因為調味料裡有糖，加上量又不多，若是用大火煮很容易燒焦。而且要趁白飯熱騰騰的時候把配方醋放進去攪拌，這樣每一顆飯粒才會均勻地沾上醋汁。用黑米醋、紅醋等來取代一般的白醋也是不錯的選擇。

紫蘇油
炒蔥泡菜壽司

如果冰箱裡有已經變酸的蔥泡菜請不要丟掉，可以拿來炒一炒做成壽司的內餡食材。炒蔥泡菜的時候，請務必將湯汁擠乾再下鍋炒，這樣才不會讓壽司變得過於溼潤。

■ 材料

白飯 1 碗（200g），壽司海苔 2 張，蔥泡菜 1 杯，蟹肉棒 2 條，壽司專用火腿 2 條，雞蛋 3 顆

白飯的調味料：芝麻油 1 小匙，芝麻 1/2 小匙，鹽 1/4 小匙

蔥泡菜的調味料：紫蘇油 1/2 大匙，糖 1 又 1/2 小匙

蛋皮的調味料：料理專用酒 1 小匙，鹽少許

作法

1 先調味好白飯；蟹肉棒依照長度對半切開；火腿放入平底鍋裡先炒過。

2 蔥泡菜切成 5cm 的長度後，放入平底鍋與紫蘇油和糖一起炒。

3 將 1 張海苔放在壽司捲簾上，均勻地鋪上調味過的白飯，接著把炒過的蔥泡菜、蟹肉棒和炒過的火腿放上去捲成壽司。

4 把蛋液倒入濾網過篩，去除繫帶，然後再放入調味料。

5 用小火先將平底鍋加熱，把蛋液倒入平底鍋中，當蛋液邊緣開始變熟的時候，用牙籤往上撕起來。

6 把壽司用步驟 5 做好的蛋皮捲起來，最後用沾上醋水的刀子將壽司切成易入口的大小。

COOKING TIP

若蔥泡菜熟成度不足，可以加一點醋

若是蔥泡菜熟成度不足，還未完全入味的話，在炒的時候加一點醋，可以快速地提高蔥泡菜的酸味。將蔥泡菜換成嫩蘿蔔葉泡菜或嫩蘿蔔泡菜，也可以做出美味的壽司。

牛胸肉
營養韭菜壽司

若是要招待長輩，建議可以做這一道牛胸肉營養韭菜壽司，壽司裡面有牛胸肉、營養韭菜＊、醃蘿蔔片和醃辣椒等食材，吃起來就像在吃生菜包肉。在將營養韭菜調味時，只要輕輕地拌一拌即可。

■ 材料
白飯 1 碗（200g），壽司海苔 2 張，牛胸肉 100g，營養韭菜 1 把（60g），醃辣椒 4 根，醃蘿蔔片 4 片，包飯醬 1 大匙

白飯的調味料： 芝麻油 1 小匙，芝麻 1/2 小匙，鹽 1/4 小匙

涼拌營養韭菜的調味料： 青梅汁 1 大匙，魚露、醋、芝麻、芝麻油、醋各 1 小匙

作法

1 將芝麻油、芝麻和鹽放入白飯中拌勻調味。

2 醃辣椒依照長度對半切開。

3 營養韭菜不須切段，直接放入調味料攪拌即可。

4 將牛胸肉放入平底鍋中煎一下，請不要煎得過熟。

5 將 1 張海苔放在壽司捲簾上，均勻地鋪上調味過的白飯，接著把包飯醬、醃蘿蔔片、煎過的牛胸肉以及涼拌營養韭菜依序放上去捲成壽司。

6 用沾上醋水的刀子將壽司切成易入口的大小。

＊營養韭菜（영양부추）：為韓國一種常見韭菜，外觀比較細長。

COOKING
TIP

營養韭菜先捆成一把再調味，才會清爽俐落

用調味料涼拌營養韭菜的時候，捆成一把再攪拌，這樣做出來的料理看起來才會清爽俐落。若是將營養韭菜先切成段再涼拌的話，很容易讓料理看起來雜亂無章。用海蓬菜或茴芹等當季蔬菜來搭配牛胸肉也很美味。

炸蝦洋萵苣壽司

在壽司裡放入小朋友最喜歡的炸蝦，同時也可以偷偷藏一些他們平時不太吃的蔬菜或水果在裡面，用生菜取代洋萵苣也很不錯。炸蝦的時候請裹上溼的麵包粉，會讓炸蝦變得更加酥脆。

■■ 材料
白飯 1 碗（200g），壽司海苔 2 張，蝦子 4 隻，洋萵苣 2 片，大頭菜（蕪菁）、蘋果各 1/5 顆，雞蛋 1 顆，麵包粉 2/3 杯，麵粉 1/4 杯，美乃滋 2 大匙，芥花籽油 2 杯（油炸用）

白飯的調味料：芝麻油 1 小匙，芝麻 1/2 小匙，鹽 1/4 小匙

作法

1 先調味好白飯；把蝦子的頭、外殼和尾柄剝除，用牙籤從第二節之間把腸泥挖出來。

2 洋萵苣洗乾淨之後瀝乾；大頭菜和蘋果切成厚 0.3cm 的絲狀。

3 把雞蛋打成蛋液。蝦子依序沾上麵粉→蛋液→麵包粉後，放入 170℃的芥花籽油裡炸至金黃色。

4 將海苔縱切成 2 等分，準備 4 小張備用。

5 將海苔放在壽司捲簾上，均勻地鋪上調味過的白飯，接著依序放上洋萵苣、大頭菜絲、蘋果絲、炸蝦和美乃滋捲成壽司。

6 用沾上醋水的刀子將壽司切成易入口的大小。

COOKING TIP

油炸用的蝦子，請務必去除尾柄

蝦子一定要將尾巴部分的尾柄去除掉，否則油炸的時候，會因為尾柄內的水分造成爆油。請在剝除外殼的蝦肉內側用刀子劃個 4～5 刀，這樣炸的時候蝦肉就不會捲起來，可以炸出漂亮的蝦子。

烤甜醬豬頸肉壽司

香甜的烤甜醬豬頸肉加上鮮脆的蘿蔓萵苣、略微辛辣的蒜苗和嚼勁十足的香菇，就成了一道口感豐富的美味壽司。如果家裡有剩的豬排肉，也不一定要特地去買豬頸肉，直接用豬排肉加以調味即可。

材料
白飯 1 碗（200g），壽司海苔 2 張，豬頸肉 150g，蘿蔓萵苣 4 片，蒜苗 2 支，香菇 6 朵
<u>白飯的調味料</u>：芝麻油 1 小匙，芝麻 1/2 小匙，鹽 1/4 小匙
<u>豬頸肉的調味料</u>：醬油 1 又 1/2 大匙，糖、蔥末、洋蔥末各 1 大匙，寡糖、蒜末、料理專用酒各 1/2 大匙，胡椒粉少許
<u>芥末美乃滋醬的調味料</u>：美乃滋 2 大匙，芥末、蜂蜜各 1/2 小匙

作法
1 將芝麻油、芝麻和鹽放入白飯中拌勻調味。
2 把豬頸肉先用刀子劃幾刀，放入碗中和調味料拌勻後稍微醃一下。
3 切除蘿蔓萵苣和蒜苗的根部；香菇切片，將芥末美乃滋醬的調味料拌勻後放入擠花袋中備用。
4 將醃過的豬頸肉放入熱好的平底鍋裡煎熟，然後切成易入口的大小；香菇也放入鍋中炒一下。
5 將 1 張海苔放在壽司捲簾上，均勻地鋪上調味過的白飯，接著把芥末美乃滋醬、蘿蔓萵苣、蒜苗、炒過的香菇以及烤甜醬豬頸肉依序放上去，最後再加些芥末美乃滋醬後捲成壽司。

香腸鳳梨壽司

這道壽司由香腸、鳳梨、甜椒和酸黃瓜組合而成,吃起來就像在吃香腸熱狗的感覺。用三明治或壽司專用火腿來取代香腸也很不錯。若是放入各種不同顏色的甜椒,那麼壽司的斷面會更漂亮。

■ 材料
白飯 2 碗(400g),壽司海苔 2 張,甜椒 1 顆,酸黃瓜 1/2杯,鳳梨 2 片,香腸 3 條,洋萵苣 3 ～ 4 片
白飯的調味料：芝麻油 2 小匙,芝麻 1 小匙,鹽 1/2 小匙
芥末美乃滋醬的調味料：美乃滋、芥末醬各 2 大匙,蜂蜜 1 小匙

作法

1 先調味好白飯;把甜椒和酸黃瓜切絲;將鳳梨切碎;在香腸的表面劃幾刀備用。

2 將美乃滋、芥末醬和蜂蜜攪拌均勻,做成芥末美乃滋醬。

3 把香腸放入預熱的平底鍋裡煎熟。

4 先在壽司捲簾上鋪一層保鮮膜,再放上 1 張海苔,然後將白飯均勻地鋪滿整張海苔,再把海苔朝上翻過來。

5 把芥末美乃滋醬、鳳梨末、甜椒絲、酸黃瓜絲和烤好的香腸放在步驟 4 的海苔上捲成壽司,然後再用保鮮膜包起來,用捲簾再次將壽司定型。

6 取下保鮮膜,再把洋萵苣放在壽司上面,最後用沾上醋水的刀子將壽司切成易入口的大小。

COOKING TIP

在吃之前先把洋萵苣放在壽司上面一起切開

將洋萵苣放在壽司上面一起切,不但斷面的視覺效果好看,而且吃起來也比較方便。也可以用其他包飯的蔬菜來取代洋萵苣。在壽司裡加一些蘋果或水梨等水果也很對味。

鮪魚醋醬壽司

壽司包了鮪魚、高麗菜、芝麻葉、醃蘿蔔和醋醬，就成了酸酸甜甜的鮪魚醋醬壽司，讓人感覺彷彿在吃生魚片蓋飯，如果家裡沒有高麗菜，也可以用生菜或其他包飯用的蔬菜來取代。

材料

白飯 1 碗（200g），壽司海苔 2 張，鮪魚罐頭 1 個（100g），高麗菜絲 1 杯，芝麻葉 4 片，醃蘿蔔少許

白飯的調味料：芝麻油 1 小匙，芝麻 1/2 小匙，鹽 1/4 小匙

醋醬的調味料：辣椒醬、醋各 2 大匙，青梅汁 1 大匙，糖 2 小匙，芝麻、芝麻油各 1 小匙

作法

1 先調味好白飯；把鮪魚放在濾網上濾油。

2 把高麗菜泡在冷水裡，然後撈起來放在濾網上瀝乾。

3 將芝麻葉洗乾淨備用；醃蘿蔔切成 0.2cm 的絲狀；把醋醬的調味料放入碗裡拌勻。

4 將海苔橫切成 2 等分，準備 4 小張備用。

5 將海苔放在壽司捲簾上，均勻地鋪上調味過的白飯，把醋醬、高麗菜絲、芝麻葉、醃蘿蔔絲和鮪魚依序放上去捲成壽司。

6 用沾上醋水的刀子將壽司切成易入口的大小。

COOKING TIP

**高麗菜要先
浸泡在冷水中再使用**

高麗菜要先浸泡在冷水中，然後再放到濾網上瀝乾。壽司用的內餡食材都要盡可能地去除水分，才不會讓海苔過於溼潤，或是讓整體的味道變得太清淡。先利用濾網去除大部分的水分，然後在濾網上鋪上一層廚房紙巾，再把高麗菜放上去，讓紙巾吸收剩餘水分。

香腸鳳梨壽司

烤牛肉捲起司壽司

烤甜醬豬頸肉壽司

烤牛肉捲起司壽司

就算只放烤牛肉和芝麻葉已經很美味，若再加上奶油起司和切達起司，更多了一種起司在口裡融化的感覺。不過因為切達起司並不是很硬，捲壽司的時候可能會有困難，此時可以先冷凍起司，等起司變得比較硬的時候再使用。另外若是在奶油起士裡加一點磨碎的綜合堅果或水果乾，會讓整體口感變得更多樣。

材料
白飯 2 碗（400g），壽司海苔 2 張，烤牛肉 100g，芝麻葉 4 片，切達起司 5 片，奶油起士 5 大匙

白飯的調味料：芝麻油 2 小匙，芝麻 1 小匙，鹽 1/2 小匙

烤牛肉的調味料：洋蔥末、蔥末各 1 大匙，醬油、糖各 2/3 匙，蒜末、料理專用酒、芝麻油各 1 小匙，芝麻 1/2 小匙，胡椒粉少許

作法
1 先調味好白飯；把牛肉放在調味料裡醃一下；芝麻葉洗淨備用。
2 把切達起司切成 3 等分備用；奶油起士則是將 2 又 1/2 的份量放到保鮮膜裡，依照壽司海苔的尺寸捏成相同的長度。
3 把步驟1醃好的牛肉放入預熱的平底鍋裡煎熟。
4 先在壽司捲簾鋪一層保鮮膜，再放上 1 張海苔，然後將白飯均勻地鋪滿整張海苔，再把海苔朝上翻過來。
5 把芝麻葉、奶油起司和烤牛肉放在步驟4的海苔上捲成壽司。
6 取下保鮮膜之後，把分成 3 等分的切達起士放到壽司上面，然後再用保鮮膜包起來定型。
7 最後將保鮮膜取下，用沾上醋水的刀子將壽司切成易入口的大小。

青椒什錦蔬菜壽司

試著把孩子最討厭的「蔬菜三人幫」：青椒、紅蘿蔔和洋蔥，都放進壽司裡吧！製作青椒什錦蔬菜壽司的時候，要讓青椒在壽司裡可以維持漂亮的青綠色，得留到最後才放；不過若是青椒炒太久，顏色會變暗沉，口感也會變差。

    材料

　　　白飯 1 碗（200g），壽司海苔 2 張，青椒 1 個，洋蔥 1/2 顆，紅蘿蔔 1/4 條，雞蛋 2 顆，橄欖油 1/2 大匙

白飯的調味料：芝麻油 1 小匙，芝麻 1/2 小匙，鹽 1/4 小匙

蛋捲的調味料：料理專用酒 1/2 小匙，鹽少許

青椒什錦蔬菜的調味料：醬油、糖各 2/3 大匙，料理專用酒 1 小匙，芝麻油 1/2 小匙

作法

1　先調味好白飯；青椒、洋蔥和紅蘿蔔切成 0.3cm 的絲狀備用。

2　把蛋液倒入濾網過篩，去除繫帶，然後再放入調味料，請注意攪拌時盡量不要產生泡沫。

3　用小火先將平底鍋加熱，讓橄欖油均勻地流過鍋底，再用廚房紙巾擦拭；將蛋液倒入平底鍋中，重覆對折捲起的動作，即可做出有厚度的煎蛋捲。

4　再次於預熱的平底鍋裡倒入橄欖油，把洋蔥絲和紅蘿蔔絲放下去炒，然後把青椒什錦蔬菜的調味料加進去，最後再轉大火，把青椒放入一起炒。

5　將海苔縱切成 3 等分，準備 6 小張備用。

6　把海苔放在壽司捲簾上，均勻地鋪上調味過的白飯，接著把步驟 4 炒好的青椒什錦蔬菜與厚厚的蛋捲放上去捲成壽司。

7　用沾上醋水的刀子將壽司切成易入口的大小。

**青椒要用
大火稍微炒一下**

青椒要在所有食材都炒好之後，最後轉大火時再下鍋稍微炒一下即可，因為甜椒若炒太久，顏色會不好看。其實即使甜椒一下鍋就把火關掉，用剩下的餘熱也足以將它煮熟。餡料改放各種顏色的甜椒或者是用鹽醃過的小黃瓜也很不錯。

外捲 & 蛋皮壽司
**請用透明的
容器盛裝**

除了美味之外，外捲壽司和蛋皮壽司也給人與眾不同的視覺效果，
請用透明的容器來盛裝，這是為了可以讓大家看到壽司漂亮的斷
面，光是用眼睛看就覺得既華麗又可口，這樣的便當也很適合拿
來當作禮物。外層沾著芝麻或是其他食材粉末的壽司捲，可以用
保鮮膜加以分隔，才不會讓壽司的味道混在一起。

103

一口壽司 PART 6

三明治壽司

本章將介紹近來在日本引起一陣旋風的
人氣三明治壽司「おにぎらず」（不用捏的飯糰）！
許多人經常在外頭買三明治來吃，
可是卻很少在家裡自己做，
這裡的三明治壽司就是以米飯代替麵包，
而內餡食材則是選用餐桌上常見的小菜。
請您在家自己動手做做看。製作方式請參考P.026。

- 炸豬排高麗菜三明治壽司
- 奶油起司堅果三明治壽司
- 火腿蘋果絲三明治壽司
- 涼拌蔬菜三明治壽司
- 雞肉沙拉三明治壽司
- 芝麻炸雞胸肉三明治壽司
- 管狀魚板三明治壽司
- 醬燒油豆腐三明治壽司

炸豬排高麗菜三明治壽司

日式炸豬排店的招牌菜色，通常是炸豬排、高麗菜和芝麻醬的組合；把這些食材全部放進壽司裡，就變成炸豬排高麗菜三明治壽司了。搭配芝麻醬和高麗菜一起吃，可以幫助減低炸豬排的油膩感。

■ 材料
白飯 1 又 1/2 碗（300g），壽司海苔 2 張，炸豬排用的豬肉（里肌肉或肋骨肉）200g，高麗菜絲 2杯，醃蘿蔔 1/2 杯，甜椒 1/2 顆，小黃瓜 1/4 條，雞蛋 1 顆，麵包粉 1 杯，麵粉 1/3 杯，芥花籽油 2 杯（油炸用）

白飯的調味料：芝麻油 1 又 1/2 小匙，芝麻 2/3 小匙，鹽 1/3 小匙

炸豬排的調味料：蒜末、料理專用酒各 1 小匙，鹽、胡椒粉各少許

芝麻醬的調味料：芝麻 1/3 杯，美乃滋、綜合堅果各 1 大匙，糖、料理專用酒、醬油、水各 1/2 大匙，檸檬汁 1 小匙，鹽 1/6 小匙

作法
1 先調味好白飯；在豬排上面劃幾刀後，再加入炸豬排的調味料。
2 把醃蘿蔔、甜椒和小黃瓜切絲。將做芝麻醬的調味料用研磨機打碎備用。
3 把雞蛋打成蛋液，再將豬排依右邊的順序裹上麵衣，麵粉→蛋液→麵包粉。
4 將芥花籽油加熱到 170℃，再把步驟1調味好的豬排放入鍋中炸成金黃色，完成之後請切成易入口的大小。
5 在砧板上依序放上保鮮膜和海苔，然後在海苔的中央位置鋪一層 10cm x 10cm 的方形白飯，接著將高麗菜絲、小黃瓜絲、甜椒絲、醃蘿蔔絲、炸豬排和芝麻醬依序放上去，最後再鋪上白飯。
6 將海苔的四個角往中心折進來，包成方形的模樣，再用保鮮膜包起來，最後用沾上醋水的刀子將壽司從中間切開。

奶油起司堅果
三明治壽司

在咖啡館裡常見的三明治，現在請試著在家裡將它做成壽司。在海苔鋪上米飯，再把奶油起士、蟹肉棒、核桃、酸黃瓜和蔓越莓層層堆疊上去再包覆起來，一刀切開就成了美味的壽司。

材料

甜菜根飯 1 又 1/2 碗（300g），壽司海苔 2 張，蟹肉棒 6 條，醃黃瓜 1/2 杯，蔓越莓 1/4 杯，奶油起司 6 大匙，核桃 3 大匙

甜菜根飯的調味料：芝麻油 1 又 1/2 小匙，芝麻 2/3 小匙，鹽 1/3 小匙

作法

1 先調味好甜菜根飯；把奶油起士 3 大匙放到保鮮膜上，做成 10cm x 10cm 大小的方形。

2 把醃黃瓜切成 0.3cm 的薄片。

3 在砧板依序放上保鮮膜和海苔，然後在海苔的中央位置鋪上一層 10cm x 10cm 的方形甜菜根飯。

4 把塑形的奶油起司、核桃、蔓越莓、蟹肉棒和醃黃瓜放在步驟 3 的甜菜根飯上面，最後再蓋上一層甜菜根飯。

5 將海苔的四個角往中心折進來包成方形，再用保鮮膜包起來，最後用沾上醋水的刀子將壽司從中間切開。

COOKING TIP

三明治壽司的米飯
請鋪成 10cm x 10cm
的大小

三明治壽司鋪米飯的方式和一般將米飯鋪滿整張海苔的壽司不同，它的米飯只鋪在海苔中央10cm x 10cm的位置，最後再將海苔的四個角往中心折進來，包成方形的模樣。

火腿蘋果絲三明治壽司

加了香甜的蘋果，吃起來的口感既清脆又甜美。改成其他當季盛產的水果也不錯。蘋果不一定要切絲，切片也一樣美味。

■ 材料

白飯 1 又 1/2 碗（300g），壽司海苔 2 張，蘋果 1/5 顆，香菇 6 朵，三明治專用火腿、蟹肉棒各 4 條，甜菜根葉 4 片，美乃滋 2 大匙，橄欖油 1/2 小匙，鹽、胡椒粉各少許

<u>白飯的調味料</u>：芝麻油 1 又 1/2 小匙，芝麻 2/3 小匙，鹽 1/3 小匙

作法

1 先調味好白飯；把蘋果和香菇切成 0.3cm 的絲狀，然後香菇用鹽和胡椒粉調味。

2 在平底鍋裡倒入橄欖油，然後把調味過的香菇放下去炒，炒到水分收乾為止。

3 蟹肉棒依照紋理撕成絲狀，加入美乃滋調味。

4 在砧板依序放上保鮮膜和海苔，然後在海苔的中央位置鋪上一層 10cm x 10cm 的方形白飯。

5 把三明治專用火腿、甜菜根葉、蘋果絲、蟹肉棒和炒好的香菇放在步驟 4 的白飯上面，最後再蓋上一層白飯。

6 將海苔的四個角往中心折進來包成方形，再用保鮮膜包起來，最後用沾上醋水的刀子將壽司從中間切開。

COOKING TIP

蟹肉棒要依照紋理撕開，吃起來口感才會好

要將蟹肉棒放入料理中的時候，請務必依照紋理撕開再使用，如此一來蟹肉棒才會吸收醬汁的味道，而且吃起來的口感會更好。不過請注意醬汁的份量不要太多，否則可能會讓蟹肉棒彈牙的口感消失殆盡。

涼拌蔬菜
三明治壽司

在年節之後，總是擔心剩下的青菜應該如何處理，這時不妨挑戰一下涼拌蔬菜三明治壽司。從清新的春季野菜、正月元宵節的陳年醃菜到秋天的蘿蔔葉和乾菜，都可以善加利用。

■ 材料

玄米飯 1 又 1/2 碗（300g），壽司海苔 2 張，菠菜 1/2 把，豆芽菜、蕨菜各 2/3 杯（50g），紅蘿蔔 1/5 條，炒辣椒醬 3 大匙
玄米飯的調味料：芝麻油 1 又 1/2 小匙，芝麻 2/3 小匙，鹽 1/3 小匙
涼拌豆芽菜、涼拌菠菜的調味料：芝麻油 1/2 小匙，鹽少許
炒蕨菜的調味料：紫蘇油 1 小匙，蔥末、蒜末、韓式醬油各 1/2 小匙

作法

1 先調味好玄米飯；再往滾水裡放一點鹽，然後把豆芽菜、菠菜和蕨菜放入鍋中汆燙，撈起後過一下冷水，再放到濾網上瀝乾。

2 將豆芽菜和菠菜分別用芝麻油和鹽調味。

3 把紅蘿蔔切成 0.2cm 的細絲，放進加了紫蘇油的平底鍋裡和鹽巴拌炒後起鍋，接著把蕨菜和其他調味料放入鍋中炒過。

4 在砧板依序放上保鮮膜和海苔，然後在海苔的中央位置鋪上一層 10cm x 10cm 的方形玄米飯。

5 把炒辣椒醬、涼拌菠菜、涼拌豆芽菜、炒蕨菜和炒紅蘿蔔一層層放在步驟 4 的玄米飯上面，最後再蓋上玄米飯。

6 將海苔的四個角往中心折進來包成方形，再用保鮮膜包起來，最後用沾上醋水的刀子將壽司從中間切開。

* 炒辣椒醬的方法參考 P.066。

COOKING
TIP

**紅蘿蔔要先用油
炒一下再使用**

因為紅蘿蔔裡面的維他命屬於脂溶性的營養成分，所以與其生吃，不如用油炒過再吃，反而可以提升營養素的吸收率。如果不喜歡吃炒過的紅蘿蔔，也可以用熱水先汆燙一下再放入壽司裡。另外用大頭菜或白蘿蔔來取代紅蘿蔔也很不錯。

雞肉沙拉
三明治壽司

在雞肉沙拉裡加一點酸酸甜甜的醬汁拌一拌，放到壽司裡當內餡。平時只吃過一般的雞肉沙拉，不過現在變身成壽司，吃起來有種新奇的感覺；如果想要口感更清爽，可以再搭配一點番茄。

材料

紫蘇飯 1 又 1/2 碗（300g），壽司海苔 2 張，醃杏鮑菇 1 個，雞胸肉 1 片（100g），蘿蔓萵苣 4 片，小黃瓜、紅蘿蔔各 1/4 條，清酒 1 小匙，胡椒粉少許

<u>紫蘇飯的調味料</u>：芝麻油 1 又 1/2 小匙，芝麻 2/3 小匙，鹽 1/3 小匙

<u>雞肉沙拉醬汁的調味料</u>：醬油、醋各 2/3 大匙，洋蔥末 1/2 大匙，糖 1 小匙，檸檬汁少許

作法

1 先調味好紫蘇飯；將雞胸肉、清酒和胡椒粉放入鍋裡煮，以鍋子冒著沸騰氣泡的溫度烹煮，然後直接放在鍋子裡冷卻。

2 將蘿蔓萵苣洗乾淨後瀝乾；醃杏鮑菇切成 0.3cm 的厚度；小黃瓜和紅蘿蔔切絲備用。

3 汆燙好的雞胸肉依照紋理撕開，加入沙拉醬汁拌勻。

4 在砧板依序放上保鮮膜和海苔，然後在海苔的中央位置鋪上一層 10cm x 10cm 的方形紫蘇飯。

5 在步驟 4 的紫蘇飯先鋪上蘿蔓萵苣，放上醃杏鮑菇、小黃瓜絲、紅蘿蔔絲和雞肉沙拉，最後再蓋上一層紫蘇飯。

6 將海苔的四個角往中心折進來包成方形，再用保鮮膜包起來，最後用沾上醋水的刀子將壽司從中間切開。

COOKING TIP

煮熟的雞胸肉
直接放在鍋子裡冷卻

雞胸肉的缺點在於吃起來容易有乾澀的口感。煮的時候別用滾水，而是以鍋邊冒著小氣泡，大約70～80℃左右的小火來烹煮即可。請直接放在原先鍋子的水裡面靜置冷卻，如此一來就可以做出溼潤又柔軟的雞胸肉。

管狀魚板三明治壽司

芝麻炸雞胸肉三明治壽司

炸豬排高麗菜三明治壽司

涼拌蔬菜三明治壽司

芝麻炸雞胸肉三明治壽司

這是一道放了炸雞胸肉的三明治壽司。請在油炸的麵衣裡加一些芝麻試試看，香噴噴的濃郁芝麻炸雞胸肉三明治壽司就完成了，比起一般只放麵包粉的麵衣，吃起來更多了一種香酥的滋味。

材料

白飯 1 又 1/2 碗（300g），壽司海苔 2 張，雞胸肉 1 片（100g），蘿蔓萵苣 4 片，雞蛋 1 顆，紅蘿蔔 1/4 條，芝麻 2/3 杯，醃黃瓜 1/2 杯，麵粉 1/4 杯，橄欖油 4 大匙，炸豬排醬汁少許

白飯的調味料：芝麻油 1 又 1/2 小匙，芝麻 2/3 小匙，鹽 1/3 小匙

炸雞胸肉的調味料：料理專用酒 1 小匙，蒜末 1/2 小匙，胡椒粉各少許

作法

1 先調味好白飯；把雞胸肉切成 1cm 左右的厚度，然後再用調味料醃一下。

2 將蘿蔓萵苣洗乾淨後瀝乾；紅蘿蔔和醃黃瓜切絲；把雞蛋打成蛋液。

3 將雞胸肉依照麵粉→蛋液→芝麻的順序裹上麵衣，在預熱的平底鍋裡倒入橄欖油，然後再把雞胸肉放下去煎熟。

4 在砧板依序放上保鮮膜和 1 張海苔，然後在海苔的中央位置鋪上一層 10cm x 10cm 的方形白飯。

5 把炸豬排醬汁、蘿蔓萵苣、醃黃瓜絲、紅蘿蔔絲和芝麻炸雞胸肉放在步驟 4 的白飯上，最後再蓋上一層白飯。

6 將海苔的四個角往中心折進來包成方形，再用保鮮膜包起來，最後用沾上醋水的刀子將壽司從中間切開。

管狀魚板
三明治壽司

用方形的魚板取代管狀魚板也是個不錯的選擇；先在管狀的魚板裡塞入醬燒牛蒡、甜椒和醃蘿蔔，做成三明治壽司，魚板裝滿了色彩繽紛的食材，看起來美觀又可口！

■ **材料**
　　白飯 1 又 1/2 碗（300g），壽司海苔 2 張，管狀魚板 3 條，甜椒 1 顆，牛蒡 20cm，蘿蔔嬰 1/2 包，醃蘿蔔 1/2 杯，芥末醬 1 小匙
白飯的調味料：芝麻油 1 又 1/2 小匙，芝麻 2/3 小匙，鹽 1/3 小匙
醃牛蒡的調味料：水 1 杯，醋 1 大匙
醬燒牛蒡的調味料：水 1 杯，糖、醬油 2/3 大匙，芝麻油 1/2 小匙
管狀魚板的調味料：水 3 杯，糖、醬油 2/3 大匙，芝麻油 1/2 小匙

作法

1　先調味好白飯；把甜椒和醃蘿蔔切絲備用。

2　把牛蒡的外皮薄薄地削掉一層，然後切成長 10cm、厚 1cm 的形狀，浸泡在醃牛蒡的調味料裡；蘿蔔嬰洗好之後將水分瀝乾。

3　把牛蒡和醬燒牛蒡的調味料放入鍋中熬煮。

4　把管狀魚板放入滾水中汆燙一下，然後再和調味料一起熬煮，最後將醬燒牛蒡、甜椒絲和醃蘿蔔絲一起放入管狀魚板中。

5　在砧板依序放上保鮮膜和海苔，然後在海苔的中央位置鋪上一層 10cm x 10cm 的方形白飯。

6　在步驟 5 的白飯上面先塗上一層芥末醬，再放上蘿蔔嬰、塞滿食材的管狀魚板，最後蓋上一層白飯，將海苔包成方形，用保鮮膜包起來再切開。

COOKING TIP

魚板要先
汆燙過再熬煮

魚板要先用熱水汆燙過，才會有清爽的口感。熬煮魚板時，可以把家裡剩餘的蔬菜一起丟下去烹調，這樣煮出來的味道更上一層樓。若沒有管狀魚板，也可以用方形的魚板將食材捲起來，再用汆燙過的青菜綁住固定。

醬燒油豆腐
三明治壽司

這一道是用熬煮過的美味油豆腐加上茼芹做成的三明治壽司，吃下去之後會有微微苦澀的滋味。如果沒有油豆腐，也可以將一般的豆腐加以熬煮來取代。

 材料

白飯 1 又 1/2 碗（300g），壽司海苔 2 張，方形的油豆腐 10 個（100g），茼芹 1/4 支，三明治專用火腿 2 片

白飯的調味料： 芝麻油 1 又 1/2 小匙，芝麻 2/3 小匙，鹽 1/3 小匙

醬燒油豆腐的調味料： 洋蔥 1/4 顆，青陽辣椒 1/2 根，大蔥 5cm，
1 片 5cm x 5cm 的昆布，醬油、糖各 1 大匙，水 1 杯

作法

1 先調味好白飯；把油豆腐切成 1cm 的寬度，用醬燒油豆腐的調味料燉煮油豆腐。

2 將茼芹洗乾淨之後瀝乾。

3 在砧板依序放上保鮮膜和海苔，然後在海苔的中央位置鋪上一層10cm x 10cm 的方形白飯。

4 把茼芹、三明治專用火腿和醬燒油豆腐放在步驟 3 的白飯上，最後再蓋上一層白飯。

5 將海苔包成方形，再用保鮮膜包起來，最後用沾上醋水的刀子將壽司從中間切開。

COOKING
TIP

油豆腐要用
醬汁熬煮才會美味

三明治壽司所用的油豆腐和一般豆皮壽司用的不一樣，是未經調理的方形油豆腐，所以熬煮的時候要多放一點調味料才會讓油豆腐入味。不過因為醬燒油豆腐調味料的份量並不是很多，所以很快就可以完成。

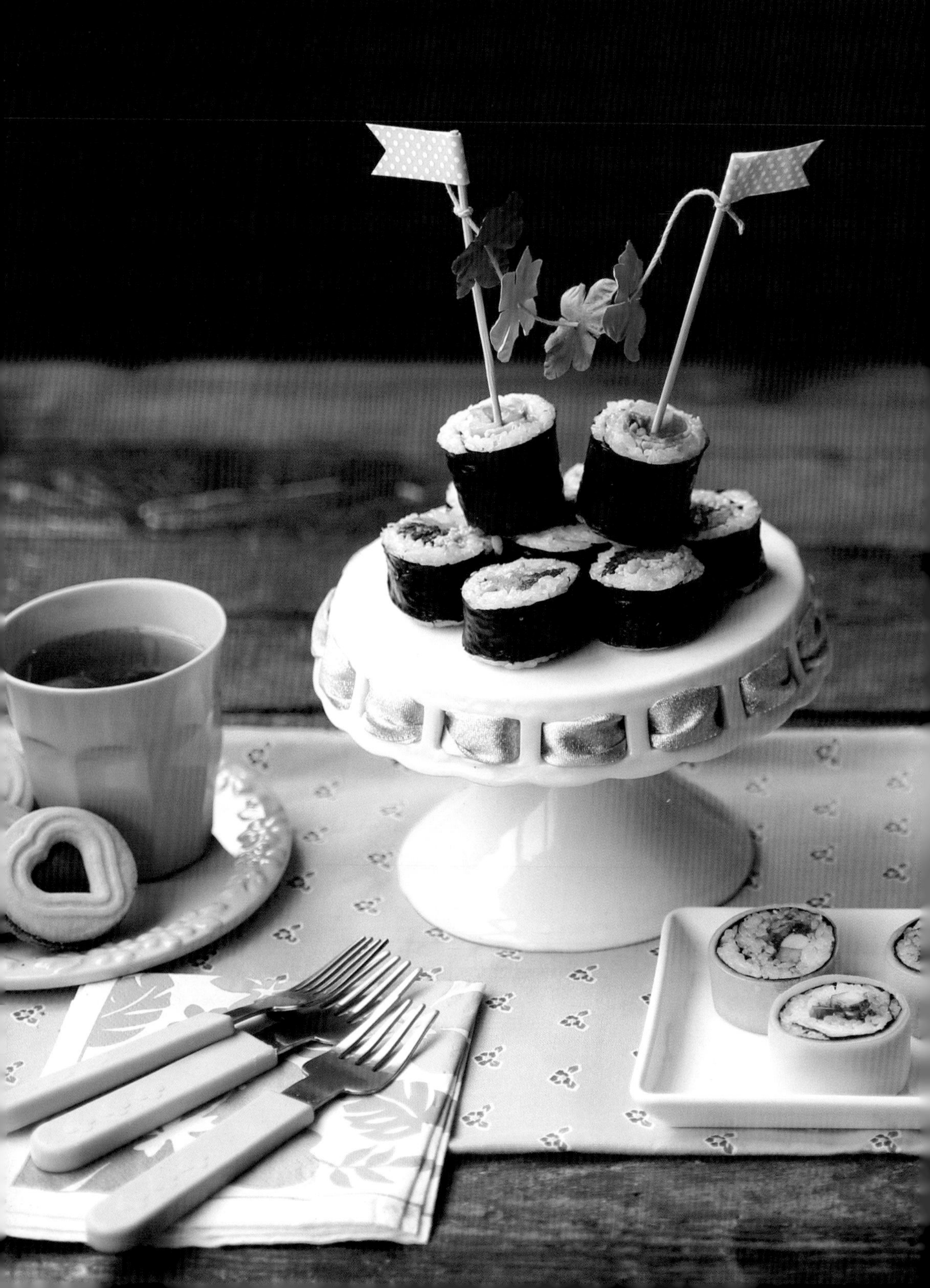

兒童生日派對
壽司蛋糕

壽司是大部分孩子都會喜歡的料理，
請用他們喜歡的食材當內餡，
然後將壽司切成不同的厚度，
再依各種厚度疊成獨一無二的壽司蛋糕，
最後用生日蠟燭或小旗子做裝飾即可。

早午餐聚會
壽司自助餐

用壽司來做一桌「手指食物」，
用家裡現成的食材做成各種不同的迷你壽司，
將壽司露出食材的尾端朝上，用餐盤排列盛裝，
華麗的食材瞬間就會吸引大家的視線。
桌上再擺個花瓶和咖啡杯，一桌出色的壽司自助餐就完成了。

宴客招待
壽司沙拉

若有簡單的晚宴，
也可用壽司呈現出一桌雅緻的菜色。
在沙拉碗裡先鋪上一層薄薄的高麗菜，
再把壽司擺中間，
然後在周圍灑上一些蛋絲，
就完成一道別具特色的壽司沙拉。
若在外捲壽司上面放一些蔬菜，
就可以同時吃到壽司和沙拉兩種美食，
不妨再搭配簡單的湯品一起享用！

辣味明太魚湯

辣味魷魚蘿蔔湯

With
香醇壽司

泡菜豆芽湯

若要把壽司當作正餐，
最好再搭配一碗適合的湯品。
依不同口味，搭配的湯品也會不同。
以辣椒醬為基底的辣味壽司、以美乃滋為基
底的香醇壽司、以肉類為主的肉類壽司，
以及清爽的蔬菜壽司等，
都能在本節找到提味的湯品！

推薦湯品1　辣味魷魚蘿蔔湯

材料

魷魚 1 隻（250g），蘿蔔 1 塊（100g），青陽辣椒 1 根，
大蔥 10cm

昆布高湯： 水 5 杯，2 片 5cm x 5cm 的昆布

調味料： 韓式醬油 1 大匙，辣椒粉 1/2 大匙，鮪魚魚露 1 小匙，
鹽少許

作法

1 把魷魚對半切開，去除內臟，然後用廚房紙巾將外皮剝除後，切成易入口的大小。

2 蘿蔔切成 0.3cm 厚度的片狀；青陽辣椒和大蔥切成細末備用。

3 把昆布高湯的材料放入鍋中，湯汁煮沸之後將昆布撈起，把切片的蘿蔔放進去熬煮。

4 湯汁再度煮沸時，將魷魚和調味料放入湯裡。

5 最後將切成細末的青陽辣椒和大蔥放入即完成。

推薦湯品2　泡菜豆芽湯

材料

豆芽菜 1/2 包（150g），泡菜 2/3 杯，青陽辣椒 1 根，
紅辣椒 1/2 根，大蔥 10cm

鯷魚高湯： 水 5 杯，鯷魚 2/3 杯，蘿蔔 1 塊（100g），
洋蔥 1/4 顆，1 片 5cm x 5cm 的昆布，清酒 1 小匙

調味料： 韓式醬油 1 大匙，鹽少許

作法

1 先把豆芽菜洗乾淨；將泡菜切成易入口的大小；青陽辣椒、紅辣椒以及大蔥切成細末備用。

2 把鯷魚高湯的食材放入鍋中，湯汁煮沸之後將昆布撈起，然後用中火繼續熬煮 10 ～ 15 分鐘。

3 把湯汁裡的鯷魚撈起，然後放入豆芽菜和泡菜煮沸。

4 將韓式醬油和鹽放進去調味，最後將切成細末的辣椒和大蔥放入即完成。

推薦湯品3　辣味明太魚湯

材料

明太魚乾 1 杯（10g），青陽辣椒 2 根，紅辣椒 1/2 根，
大蔥 10cm

鯷魚高湯： 水 5 杯，鯷魚 2/3 杯，蘿蔔 1 塊（100g），
洋蔥 1/4 顆，1 片 5cm x 5cm 的昆布，清酒 1 小匙

調味料： 韓式醬油 1 大匙，鹽少許

作法

1 把鯷魚高湯的食材放入鍋中，湯汁煮沸之後將昆布撈起，然後用中火繼續熬煮 10 ～ 15 分鐘。

2 把青陽辣椒、紅辣椒以及大蔥切成細末。

3 把湯汁裡的鯷魚撈起，然後放入明太魚乾熬煮。

4 當湯汁再次沸騰時，將青陽辣椒、紅辣椒以及大蔥放入，並將韓式醬油和鹽放進去調味即完成。

紫蘇大白菜湯

赤嘴蛤蜊湯

魚板湯

With
辣味壽司

推薦湯品1 紫蘇大白菜湯

材料
大白菜 4～5 片，豆腐 1/3 塊，秀珍菇 2 把，
大蔥白色部分 10cm，紅辣椒 1/2 根
鯷魚高湯： 水 5 杯，鯷魚 2/3 杯，洋蔥 1/4 顆，
1 片 5cm x 5cm 的昆布，清酒 1 小匙
調味料： 紫蘇粉 1/2 杯，韓式醬油 1 大匙，蒜末 1 小匙，鹽少許

作法
1 把鯷魚高湯的食材放入鍋中，湯汁煮沸之後將昆布撈起，然後用中火繼續熬煮 10～15 分鐘後將鯷魚也撈起。
2 將白菜和豆腐切成易入口的大小；秀珍菇用手撕開；大蔥和紅辣椒切成細末。
3 在步驟1 的高湯裡放入大白菜、豆腐、秀珍菇和蒜末，再加入韓式醬油和鹽調味。
4 當湯汁再次沸騰時，把紫蘇粉放進去，最後將切成細末的辣椒和大蔥放入即完成。

推薦湯品2 赤嘴蛤蜊湯

材料
赤嘴蛤蜊 1 包（500g），芹菜 2 支，紅辣椒 1/2 根，
大蒜 1 瓣，鹽 2 小匙
昆布高湯： 水 5 杯，2 片 5cm x 5cm 的昆布

作法
1 先讓赤嘴蛤蜊吐沙之後，將其外殼仔細搓洗乾淨。
2 芹菜切成 4cm 的長度；紅辣椒切成細末；大蒜切成薄片。
3 把昆布高湯的材料放入鍋中，湯汁煮沸之後將昆布撈起，再把赤嘴蛤蜊放進去煮。
4 把準備好的芹菜、紅辣椒和大蒜放入鍋中煮沸，最後加鹽調味後即完成。

推薦湯品3 魚板湯

材料
綜合魚板 1 包（260g），大蔥 10cm
鯷魚高湯： 水 5 杯，鯷魚 2/3 杯，蘿蔔 1 塊（100g），
洋蔥 1/4 顆，2 片 5cm x 5cm 的昆布，清酒 1 小匙
調味料： 韓式醬油 1 大匙，鮪魚魚露、蒜末、清酒各 1 小匙，鹽少許

作法
1 先將綜合魚板切成易入口的大小，然後放入滾燙的熱水汆燙 30 秒左右。
2 將大蔥斜切成蔥段；蘿蔔切成 0.3cm 厚度的片狀；洋蔥切成 1cm 的厚度。
3 把鯷魚高湯的食材放入鍋中，湯汁煮沸後撈起昆布，讓湯汁繼續滾個 10 分鐘後將鯷魚也撈起。
4 在步驟 3 放入汆燙過的魚板和調味料，湯汁沸騰之後放入蔥段即完成。

大白菜豆瓣醬湯

豆芽菜清湯

With
肉類壽司

大蔥香菇湯

推薦湯品1 大白菜豆瓣醬湯

材料

大白菜 5 片，青陽辣椒、紅辣椒各 1/2 根，大蔥 10cm

鯷魚高湯：水 5 杯，鯷魚 2/3 杯，蘿蔔 1 塊（100g），
洋蔥 1/4 顆，1 片 5cm x 5cm 的昆布，清酒 1 小匙

調味料：豆瓣醬 2 大匙，蒜末 1 小匙，辣椒粉、辣椒醬各 1/2 小匙

作法

1 將大白菜切成 5cm 的長度；兩種辣椒和大蔥都切成細末備用。

2 把鯷魚高湯的食材放入鍋中，湯汁煮沸後將昆布撈起，然後用中火繼續熬煮 10～15 分鐘。

3 把湯汁裡的鯷魚撈起，然後放入大白菜和調味料煮沸。

4 在步驟 3 裡放入切成細末的青陽辣椒、紅辣椒和大蔥即完成。

推薦湯品2 大蔥香菇湯

材料

秀珍菇 1 把，杏鮑菇 1 個，香菇 3 朵，大蔥 2 支，辣椒油 1 大
匙，蒜末、芝麻油各 1 小匙，鹽、胡椒粉各少許

明蝦高湯：水 5 杯，明蝦 1/2 杯，蘿蔔 1 塊（100g），
洋蔥 1/4 顆，1 片 5cm x 5cm 的昆布，清酒 1 小匙

調味醬料：辣椒粉 2 又 1/2 大匙，鮪魚魚露、蝦粉各 1/2 大匙，
韓式醬油、蒜末各 1/3 大匙，薑汁 1 小匙

作法

1 將秀珍菇和杏鮑菇放入滾水中汆燙之後，再用手撕開；香菇切成厚度 0.3cm 的絲狀備用；大蔥切
成 5～6cm 的長度。

2 調製好調味醬料，接著把調味醬料、菇類和辣椒油放入碗裡攪拌均勻。

3 把明蝦高湯的食材放入鍋中，湯汁煮沸之後將昆布撈起，然後用中火繼續熬煮 10～15 分鐘，最後
把明蝦也撈起來。

4 在鍋裡先放一點芝麻油，接著把步驟 2 拌好的菇類放入拌炒一下，再把明蝦高湯倒入熬煮。

5 當湯汁煮沸時，把蒜末和大蔥放進去，最後再用鹽和胡椒粉調味即完成。

推薦湯品3 豆芽菜清湯

材料

豆芽菜 1/2 包（150g），紅辣椒 1/2 根，大蔥 10cm

鯷魚高湯：水 5 杯，鯷魚 2/3 杯，蘿蔔 1 塊（100g），
洋蔥 1/4 顆，1 片 5cm x 5cm 的昆布，清酒 1 小匙

調味料：蝦醬 1 小匙，蒜末 1/2 小匙，鹽少許

作法

1 先把豆芽菜洗乾淨並瀝乾；將紅辣椒和大蔥切成細末。

2 把鯷魚高湯的食材放入鍋中，湯汁煮沸之後將昆布撈起，然後用中火繼續熬煮 10～15 分鐘後將鯷
魚也撈起。

3 把豆芽菜放入鍋中，在打開鍋蓋的狀態下煮沸，然後再將蝦醬和蒜末放入煮沸。

4 當湯汁煮沸時，將切成細末的辣椒、大蔥和鹽放入即完成。

辣味鮮蝦湯

With
蔬菜壽司

馬鈴薯辣椒醬湯

豆腐海帶味噌湯

推薦湯品1 豆腐海帶味噌湯

材料
海帶 1/4 杯，豆腐 1/4 塊，細蔥 2 支，味噌醬 3 又 1/2 大匙
昆布高湯：水 4 杯，2 片 5cm x 5cm 的昆布

作法

1 先把海帶放入水中浸泡；豆腐切成 2cm 大小的方塊；
　細蔥切成蔥末。

2 把昆布高湯的食材放入鍋中煮沸，再把昆布撈起，然後將味噌醬放入湯汁中溶開。

3 當湯汁煮沸之後，放入泡開的海帶和豆腐，接著轉大火再次煮沸後熄火。

4 將細蔥末擺上去之後，豆腐海帶味噌湯即完成。

推薦湯品2 辣味鮮蝦湯

材料
蝦子 8 尾，豆芽菜 1 杯，青陽辣椒 1/2 根，大蔥 10cm
鯷魚高湯：水 5 杯，鯷魚 2/3 杯，蘿蔔 1 塊（100g），
洋蔥 1/4 顆，1 片 5cm x 5cm 的昆布，清酒 1 小匙
調味料：韓式醬油 1 大匙，辣椒粉 2/3 大匙，蒜末、鹽各 1 小匙

作法

1 用牙籤從蝦子第二節將腸泥取出來。

2 把豆芽菜仔細地洗乾淨；青陽辣椒和大蔥斜切成片狀。

3 把鯷魚高湯的食材放入鍋中，湯汁煮沸之後將昆布撈起，然後用中火繼續熬煮 10 ～ 15 分鐘後將
　鯷魚也撈起。

4 把蝦子和調味料放入鍋中煮沸後，將豆芽菜、大蔥和青陽辣椒依序放入再次煮沸即完成。

推薦湯品3 馬鈴薯辣椒醬湯

材料
馬鈴薯 1 個，洋蔥 1/4 顆，櫛瓜 1/3 條，青陽辣椒 1/2 根，
大蔥 10cm
鯷魚高湯：水 5 杯，鯷魚 2/3 杯，蘿蔔 1 塊（100g），
洋蔥 1/4 顆，1 片 5cm x 5cm 的昆布，清酒 1 小匙
調味料：辣椒醬 2 大匙，豆瓣醬 1 大匙，韓式醬油 1/2 大匙，
辣椒粉、蒜末各 1 小匙

作法

1 將馬鈴薯和櫛瓜切成厚度 1cm 的片狀；洋蔥切成一口大小；青陽辣椒和大蔥斜切片。

2 把鯷魚高湯的食材放入鍋中，湯汁煮沸之後將昆布撈起，然後用中火繼續熬煮 10 ～ 15 分鐘後將
　鯷魚也撈起。

3 將調味料、馬鈴薯以及櫛瓜放入步驟 2 的高湯裡煮沸，再把準備好的洋蔥和青陽辣椒放入鍋中再
　次煮沸。

4 最後將斜切的大蔥放入即完成。

■ 日日好食／05

一口壽司：

只要捲一捲！56 款韓風＆義式壽司 ×12 道湯品 ×8 款風味沾醬，一口滿足！
한입에 김밥：김밥을 즐기는 75 가지 방법

作　　者：金奉京、崔承鳳
譯　　者：陳曉菁
主　　編：俞聖柔
責任編輯：李奕昀
校　　對：李奕昀、魏子翔
封面設計：走路花工作室
美術設計：賴欣怡

發 行 人：洪祺祥
副總經理：洪偉傑
總 編 輯：林慧美
副總編輯：謝美玲
法律顧問：建大法律事務所
財務顧問：高威會計師事務所

出　　版：日月文化出版股份有限公司
製　　作：山岳文化
地　　址：臺北市信義路三段 151 號 8 樓
電　　話：(02) 2708-5509
傳　　真：(02) 2708-6157
客服信箱：service@heliopolis.com.tw
網　　址：www.heliopolis.com.tw
郵撥帳號：19716071 日月文化出版股份有限公司

總 經 銷：聯合發行股份有限公司
電　　話：(02) 2917-8022
傳　　真：(02) 2915-7212
印　　刷：禾耕彩色印刷事業股份有限公司
初　　版：2017 年 5 月
定　　價：300 元
I S B N：978-986-248-635-1

國家圖書館出版品預行編目(CIP)資料

一口壽司：只要捲一捲！56 款韓風＆義式壽司 ×12
道湯品 ×8 款風味沾醬，一口滿足！／金奉京，崔
承鳳著；陳曉菁譯 .-- 初版 .-- 臺北市：日月文化，
2017.05
136 面；17*23 公分 .--（日日好食；5）
ISBN 978-986-248-635-1（平裝）

1. 食譜

427.1   106003401

한입에 김밥：김밥을 즐기는 75 가지 방법
Copyright © 2016 by Kim Bong Gyeong & Choi Seung Bong
All rights reserved.
Original Korean edition published by SUZAKBOOK
Chinese (complex) Translation rights arranged with SUZAKBOOK
Chinese (complex) Translation Copyright © 2017 by Heliopolis Culture Group Co., Ltd
Through M.J. Agency, in Taipei.

餵飯很簡單
只要 元本山

華食品
心履歷

特提供 保證安心
際級檢驗報告】
通過重金屬檢驗